大学计算机基础实训教程

主　编　张小莉　丁明勇　李盛瑜
参　编　代秀娟　罗　佳　祁媛媛
　　　　陈　伟　李永祥　杨雪涛

科学出版社

北京

内 容 简 介

本书是与大学计算机理论教程配套使用的一本实训教程。全书分为实验操作及指导和理论基础知识及练习两部分。在注重实验操作及应用能力培养的同时，加强对学生理论知识框架的构建和思维方式的训练。实验操作及指导的主要内容包括：基本操作、操作系统、网络应用、文字处理、电子表格、演示文稿、多媒体、网页设计、操作模拟训练等。实验项目包含验证型、设计型和综合型，层次分明种类丰富。理论基础知识及练习部分完整概括了教学中涉及的知识点，提供了题型多样、内容全面的习题。

本书可作为高等学校本、专科生的实训及考试培训用书，也可作为自学计算机人士的参考用书。

图书在版编目（CIP）数据

大学计算机基础实训教程/张小莉，丁明勇，李盛瑜主编. —北京：科学出版社，2014

ISBN 978-7-03-041549-3

Ⅰ．①大… Ⅱ．①张… ②丁… ③李… Ⅲ．①电子计算机－高等学校－教材 Ⅳ．①TP3

中国版本图书馆 CIP 数据核字（2014）第 177411 号

责任编辑：李淑丽　任俊红 / 责任校对：张怡君
责任印制：赵　博 / 封面设计：华路天然工作室

科 学 出 版 社 出版
北京东黄城根北街 16 号
邮政编码：100717
http://www.sciencep.com

新科印刷有限公司 印刷
科学出版社发行　各地新华书店经销

*

2014 年 8 月第 一 版　　开本：787×1 092　1/16
2016 年 1 月第三次印刷　　印张：14
字数：367 000

定价：**29.80 元**
（如有印装质量问题，我社负责调换）

前　　言

"大学计算机基础"是高等学校各专业学生第一门必修的计算机基础课程，目前它与英语、数学等课程一同作为大学公共基础课程的教学重点，课程强调基础性和先导性，重点在于培养学生的信息能力和信息素养。通过本课程的学习，学生不仅可以理解和掌握计算机学科的基本原理、技术和应用，而且可以为学习其他后续的计算机类课程，尤其是与本专业结合的计算机类课程打下良好的基础。

本书以计算机应用技能实训为切入点，构建面向应用、科学合理、案例丰富、循序渐进、类型多样的实践教学体系。另外，为了本课程理论知识与实践环节的紧密衔接，本书还罗列了结构完善的理论教学知识点框架和涵盖各知识点的课后习题。

本书分为两个部分：第一部分实验操作及指导；第二部分理论基础知识及练习。

第一部分包含 38 个实验项目，内容包括中英文指法训练、操作系统实验、网络应用实验、文字处理实验、电子表格实验、演示文稿实验、多媒体实验、网页设计实验、操作模拟实验等；实验类型涵盖验证型、设计型和综合型。每个实验项目均采用任务驱动模式，具有明确的实验目的、具体的实验任务、翔实的实验步骤、新颖的自主实验设计要求。让学生在完成实验任务的过程中掌握计算机基本操作技能和综合应用方法，在自主实验中进行创新性设计，并通过课外作业巩固所学知识。

第二部分理论基础知识及练习部分，概括理论教学中各章节涉及的基础知识点，提供基础练习和扩展练习两层次的、题型多样的、内容全面的习题供学生进行练习。

本书的实验项目设计脉络清晰，充分遵循学生的认知规律和教师的教学规律。全书紧扣教学大纲和等级考试大纲的要求，既可作为各类高等学校学生学习大学计算机基础的学习指导书，也可作为学生参加计算机等级考试的学习参考书。

本书作者均来自长期担任计算机基础教学的一线教师，具有丰富的该课程教学经验。本书由重庆工商大学张小莉、丁明勇、李盛瑜担任主编，代秀娟、罗佳、祁媛媛、陈伟、李永祥、杨雪涛等参与编写。何希平教授担任主审。全书由张小莉统稿、定稿。

在本书的编写过程中，得到了重庆工商大学教务处领导的指导及关怀；得到了重庆工商大学计算机学院领导的热忱关心和帮助；重庆工商大学计算机学院大学计算机基础教学部的全体教师对本书的出版给予了大力支持，在此一并表示最诚挚的感谢。

由于时间紧迫以及作者水平有限，书中难免有不足之处，恳请广大读者批评指正。

编　者

2014 年 7 月于重庆工商大学

目　录

第 1 部分　实验操作及指导

第 1 章　指法练习 ·· 1

实验 1-1　指法练习及中英文输入训练 ·································· 1

第 2 章　操作系统实验 ·· 5

实验 2-1　Windows XP 基本操作 ·· 5

实验 2-2　文件及文件夹的管理 ·· 11

实验 2-3　文件压缩与解压缩 ··· 20

实验 2-4　控制面板的使用 ·· 23

实验 2-5　Windows 常用附件的使用 ·································· 28

第 3 章　网络应用实验 ·· 35

实验 3-1　浏览器的使用 ··· 35

实验 3-2　信息检索与信息管理 ·· 38

实验 3-3　收发电子邮件 ··· 43

第 4 章　文字处理实验 ·· 46

实验 4-1　Word 基本编辑操作 ··· 46

实验 4-2　Word 文档排版操作 ··· 48

实验 4-3　Word 表格使用 ··· 55

实验 4-4　图文混排 ··· 63

实验 4-5　长文档编辑 ·· 71

第 5 章　电子表格实验 ·· 82

实验 5-1　Excel 的基本操作 ·· 82

实验 5-2　表格格式化及数据图表化 ···································· 89

实验 5-3　数据管理 ··· 97

实验 5-4　数据透视表和数据透视图 ···································· 102

实验 5-5　邮件合并 ··· 105

实验 5-6　数据有效性和圈释无效数据的设置 ······················ 109

实验 5-7　多工作表的操作 ·· 113

第 6 章　演示文稿实验 ·· 118

实验 6-1　PowerPoint 基本操作 ··· 118

实验 6-2　动画、超级链接及多媒体⋯⋯⋯⋯⋯⋯⋯⋯⋯⋯⋯⋯⋯⋯⋯⋯⋯123

实验 6-3　PowerPoint 2003 的高级应用⋯⋯⋯⋯⋯⋯⋯⋯⋯⋯⋯⋯⋯⋯⋯128

第 7 章　多媒体实验⋯⋯⋯⋯⋯⋯⋯⋯⋯⋯⋯⋯⋯⋯⋯⋯⋯⋯⋯⋯⋯⋯⋯⋯⋯133

实验 7-1　多媒体素材处理⋯⋯⋯⋯⋯⋯⋯⋯⋯⋯⋯⋯⋯⋯⋯⋯⋯⋯⋯⋯⋯133

实验 7-2　电子相册制作⋯⋯⋯⋯⋯⋯⋯⋯⋯⋯⋯⋯⋯⋯⋯⋯⋯⋯⋯⋯⋯⋯136

第 8 章　网页设计实验⋯⋯⋯⋯⋯⋯⋯⋯⋯⋯⋯⋯⋯⋯⋯⋯⋯⋯⋯⋯⋯⋯⋯⋯141

实验 8-1　设计制作简单网站并发布网站⋯⋯⋯⋯⋯⋯⋯⋯⋯⋯⋯⋯⋯⋯⋯141

实验 8-2　图片、文字、表格的编辑⋯⋯⋯⋯⋯⋯⋯⋯⋯⋯⋯⋯⋯⋯⋯⋯⋯149

实验 8-3　制作动态网页⋯⋯⋯⋯⋯⋯⋯⋯⋯⋯⋯⋯⋯⋯⋯⋯⋯⋯⋯⋯⋯⋯153

第 9 章　操作模拟实验⋯⋯⋯⋯⋯⋯⋯⋯⋯⋯⋯⋯⋯⋯⋯⋯⋯⋯⋯⋯⋯⋯⋯158

实验 9-1　操作模拟实验（第 1 套）⋯⋯⋯⋯⋯⋯⋯⋯⋯⋯⋯⋯⋯⋯⋯⋯⋯158

实验 9-2　操作模拟实验（第 2 套）⋯⋯⋯⋯⋯⋯⋯⋯⋯⋯⋯⋯⋯⋯⋯⋯⋯160

实验 9-3　操作模拟实验（第 3 套）⋯⋯⋯⋯⋯⋯⋯⋯⋯⋯⋯⋯⋯⋯⋯⋯⋯161

实验 9-4　操作模拟实验（第 4 套）⋯⋯⋯⋯⋯⋯⋯⋯⋯⋯⋯⋯⋯⋯⋯⋯⋯163

实验 9-5　操作模拟实验（第 5 套）⋯⋯⋯⋯⋯⋯⋯⋯⋯⋯⋯⋯⋯⋯⋯⋯⋯165

实验 9-6　操作模拟实验（第 6 套）⋯⋯⋯⋯⋯⋯⋯⋯⋯⋯⋯⋯⋯⋯⋯⋯⋯167

实验 9-7　操作模拟实验（第 7 套）⋯⋯⋯⋯⋯⋯⋯⋯⋯⋯⋯⋯⋯⋯⋯⋯⋯169

实验 9-8　操作模拟实验（第 8 套）⋯⋯⋯⋯⋯⋯⋯⋯⋯⋯⋯⋯⋯⋯⋯⋯⋯171

实验 9-9　操作模拟实验（第 9 套）⋯⋯⋯⋯⋯⋯⋯⋯⋯⋯⋯⋯⋯⋯⋯⋯⋯173

第 2 部分　理论基础知识及练习

第 10 章　计算机文化与计算思维基础⋯⋯⋯⋯⋯⋯⋯⋯⋯⋯⋯⋯⋯⋯⋯⋯176

10-1　基础知识⋯⋯⋯⋯⋯⋯⋯⋯⋯⋯⋯⋯⋯⋯⋯⋯⋯⋯⋯⋯⋯⋯⋯⋯⋯176

10-2　基础练习⋯⋯⋯⋯⋯⋯⋯⋯⋯⋯⋯⋯⋯⋯⋯⋯⋯⋯⋯⋯⋯⋯⋯⋯⋯177

10-3　扩展练习⋯⋯⋯⋯⋯⋯⋯⋯⋯⋯⋯⋯⋯⋯⋯⋯⋯⋯⋯⋯⋯⋯⋯⋯⋯179

第 11 章　计算机系统⋯⋯⋯⋯⋯⋯⋯⋯⋯⋯⋯⋯⋯⋯⋯⋯⋯⋯⋯⋯⋯⋯⋯⋯180

11-1　基础知识⋯⋯⋯⋯⋯⋯⋯⋯⋯⋯⋯⋯⋯⋯⋯⋯⋯⋯⋯⋯⋯⋯⋯⋯⋯180

11-2　基础练习⋯⋯⋯⋯⋯⋯⋯⋯⋯⋯⋯⋯⋯⋯⋯⋯⋯⋯⋯⋯⋯⋯⋯⋯⋯186

11-3　扩展练习⋯⋯⋯⋯⋯⋯⋯⋯⋯⋯⋯⋯⋯⋯⋯⋯⋯⋯⋯⋯⋯⋯⋯⋯⋯191

第 12 章　操作系统⋯⋯⋯⋯⋯⋯⋯⋯⋯⋯⋯⋯⋯⋯⋯⋯⋯⋯⋯⋯⋯⋯⋯⋯⋯192

12-1　基础知识⋯⋯⋯⋯⋯⋯⋯⋯⋯⋯⋯⋯⋯⋯⋯⋯⋯⋯⋯⋯⋯⋯⋯⋯⋯192

12-2　基础练习⋯⋯⋯⋯⋯⋯⋯⋯⋯⋯⋯⋯⋯⋯⋯⋯⋯⋯⋯⋯⋯⋯⋯⋯⋯194

12-3　扩展练习⋯⋯⋯⋯⋯⋯⋯⋯⋯⋯⋯⋯⋯⋯⋯⋯⋯⋯⋯⋯⋯⋯⋯⋯⋯197

第 13 章　数制和信息编码 ··199

　13-1　基础知识 ··199

　13-2　基础练习 ··202

　13-3　扩展练习 ··207

第 14 章　信息浏览和发布 ··208

　14-1　基础知识 ··208

　14-2　基础练习 ··210

　14-3　扩展练习 ··214

第 1 部分　实验操作及指导

第 1 章　指 法 练 习

实验 1-1　指法练习及中英文输入训练

【实验目的】

1. 熟悉键盘的布局。
2. 熟悉击键的姿势及指法的分布。
3. 掌握复合键的使用。
4. 通过中英文输入的练习，要求打字速度达到每分钟 30～40 个汉字。

【主要知识点】

1. 键盘的介绍。
2. 键盘操作姿势及基本指法。
3. 认识输入法指示器。
4. 软键盘的使用。

【实验任务及步骤】

〖任务 1〗键盘简介。

　　我们通常把普遍使用的 101 键盘称为标准键盘。现在常用的键盘在 101 键的基础上增加了 3 个用于 Windows 的操作键。有的键盘还增加了 "Wake" 唤醒按钮、"Sleep" 转入睡眠按钮、"Power" 电源管理按钮。 常用的计算机键盘分为 4 个键区，即主键盘区（打字键区）、功能键区、编辑键区（控制键区）、数字键区（副键盘），标准键盘如图 1-1 所示。

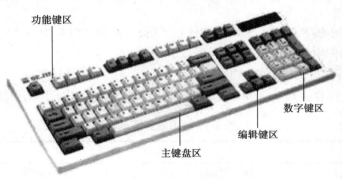

图 1-1　标准键盘示意图

1．主键盘区。

主键盘区位于键盘的左部，各键上标有英文字母、数字和符号等。主键盘区分为字母键（A～Z）、数字键（0～9）、符号键（!、@、+、～、|、?等）和控制键（Ctrl、Alt）。该区是我们操作电脑时使用频率最高的键盘区域。字母键：计算机启动后字母键的初始状态为小写输入状态，可利用"Caps Lock"键或"Shift"键产生大写字母。双档键：键面上标有两个字符的键称为双档键，其中上面的字符称为上档字符，下面的字符称为下档字符。直接按某一双档键，产生的是相应键位的下档字符，若要产生上档字符，须同时按住"Shift"键和该键。"Shift"键：换挡键，该键与其他键位复合操作使用。"Ctrl"键和"Alt"键：这是两个控制键，单独不起作用，与其他键同时使用时，可执行某一功能和命令，具体复合方式及功能视不同软件而定。"Space"键：空格键，键盘下方无任何字符标记的长条型键，用于输入空格。"Back space"或"←"键：退格键，按一次该键，删除光标所在位置左边的一个字符。"Enter"键：回车键，使输入行生效，并产生新行。"Caps Lock"键：大/小写字母切换键，当字母键为小写状态时，按一下该键转换为大写状态（键盘右上方"Caps Lock"灯亮）；当字母键为大写状态时，按一下该键转换为小写状态（键盘右上方"Caps Lock"灯灭）。"Tab"键：水平制表键，按下该键，光标可跳过多个空格。

2．编辑键区（控制键区）。

编辑键区位于键盘的右中侧。"↑"、"↓"、"←"、"→"键：控制光标移动的方向键。"Insert"键：插入/改写状态转换键。"Delete"键：删除键，删除光标后的字符。"Home"键：光标移到本行第一个字符前。"End"键：光标移到本行最后一个字符后。"Page Up"键：屏幕内容向前翻滚一屏。"Page Down"键：屏幕内容向后翻滚一屏。"Print Screen"键：屏幕复制键，复制当前屏幕图像到剪贴板。"Scroll Lock"键：屏幕滚动锁定键。"Pause Break"键：暂停/断开键。

3．数字键区。

数字键区位于键盘的右侧，又称数字小键盘或副键盘区，除"Num Lock"键以外，其余键在主键盘区和控制键区均已有分布，作用也是一样的。"Num Lock"键：数字转换键，按一下该键，当"Num Lock"灯亮时，按键可输入数字；当再按一下该键，"Num Lock"灯灭，表示解除了数字锁定状态，处于光标/控制方式。

4．功能键区。

功能键区位于主键盘区的上方，主要包括"Esc"键和"F1"键～"F12"键，功能键在不同应用程序中的作用是不尽相同的。

〖任务2〗常用键盘快捷键的使用。

有时使用键盘操作完成某个操作更快捷，故有快捷键的说法，常用快捷键如表1-1所示。

表 1-1　常用键盘快捷键

快 捷 键	作 用
Ctrl+Alt+Delete	出现死机时，采用热启动打开"任务管理器"来结束当前任务
Ctrl+Break	中断程序的运行并返回命令处理程序
Esc	取消当前任务

续表

快 捷 键	作 用
Alt+F4	关闭活动项或退出活动程序
Alt+Tab	切换窗口
Ctrl+Space	中英文输入法之间切换
Ctrl+Shift	各种输入法之间切换
Shift+Space	中文输入法状态下全角/半角切换
Ctrl+.	中文输入法状态下中文/西文标点切换
Print Screen	复制当前屏幕图像到剪贴板
Alt+Print Screen	复制当前窗口、对话框或其他对象到剪贴板

〖任务 3〗键盘操作姿势及基本指法。

1．操作时的姿势要求。

初学时应特别注意操作姿势，正确的操作姿势有利于提高输入的速度和准确性。合理的姿势为：操作者身体保持直立、自然放松；座椅高低要合适；上臂自然下垂；手指自然弯曲；手腕要悬空，不要靠在键盘上，要以手指的动作带动手腕协调移动。

2．击键指法。

要想熟练地操作计算机，必须牢记键盘上各键的位置（即键位），并且要正确地掌握击键指法。击键指法要求两手同时操作，并对 10 个指头要有明确的分工。应要求自己从一开始就严格地按照基本指法练习，千万不要养成总用 1 个指头按键的不良习惯。

基准键位是指位于键盘第三行中除 G 键和 H 键以外的 8 个键，各手指负责的基准键位如图 1-2 所示。

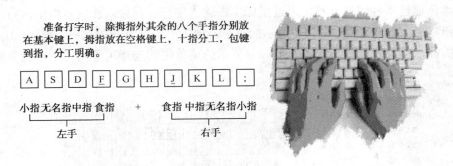

图 1-2　各手指负责基本键位图

各手指除了负责对应的基准键之外，还可按各自负责的范围键。各手指负责的范围键如图 1-3 所示。空格键由左手或右手的大拇指负责。其他的如 Tab、Caps Lock、左 Shift、左 Ctrl、左 Alt 等左边的键由左手小指控制，Enter、-、=、\、右 Shift 等右边的键由右手小指控制。

3．指法训练。

键盘练习的最终要求应该是不用看键盘，即人们通常所说的"盲打"。实现盲打提高速度的具体方法是按基本指法进行反复练习，可使用相应的指法练习软件帮助练习以提高速度，可起到事半功倍的作用。

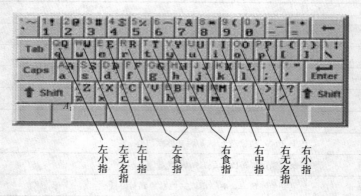

左小指 左无名指 左中指 左食指 右食指 右中指 右无名指 右小指

图 1-3　各手指在键盘上的分工

〖任务 4〗输入法指示器的使用。

在输入法指示器上一般有五个按钮用于对输入法状态进行显示和控制。用户可以通过输入法指示器了解当前的输入法状态，也可以通过这五个按钮控制和改变当前输入法状态。以下列出各按钮当前表示的状态和含义。

（1）输入法指示器举例：标准●᷍᷍ ；Ａ标准᷍᷍᷍᷍ ；

（2） 表示中文输入状态；Ａ 表示英文输入状态；

（3）● 表示全角输入状态；᷍ 表示半角输入状态；

（4）᷍ 表示中文标点输入状态；᷍᷍ 表示英文标点输入状态；

（5）标准 表示输入法名称； 表示软键盘开关。

〖任务 5〗软键盘的使用。

软键盘是通过软件模拟键盘，通过鼠标单击输入字符。在输入法提示框中，右击"软键盘开关按钮" ，弹出如图 1-4（a）所示的菜单。单击"软键盘开关按钮" ，弹出如图 1-4（b）所示的标点符号软键盘。在图 1-4（a）所示的菜单中的选择项不同，则软键盘显示的内容也不同。

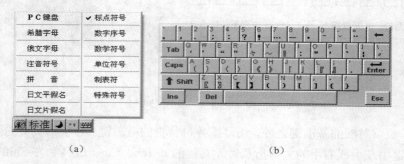

（a）　　　　　　　　　　　　　　　　　（b）

图 1-4　软键盘

【自主实验】

通过"金山打字"软件进行指法练习，掌握键盘的正确操作姿势及正确的指法。

第2章 操作系统实验

实验 2-1 Windows XP 基本操作

【实验目的】

1．熟悉 Windows XP 的启动、关闭、桌面组成及图标作用。

2．熟练掌握 Windows XP 的窗口、对话框、菜单、任务栏的基本操作。

【主要知识点】

1．Windows XP 操作系统的主要功能。

2．Windows XP 操作系统的窗口及对话框。

3．Windows XP 操作系统的桌面及任务栏。

4．Windows XP 操作系统的菜单。

【实验任务及步骤】

〖任务 1〗掌握 Windows XP 操作系统的启动、关闭，熟悉桌面组成。

1．Windows XP 操作系统的启动。

一台安装了操作系统的计算机，打开电源后，计算机自动进入系统启动程序进行自检，当所有自检通过后，自动进入 Windows 操作系统。

操作提示：正确的开机顺序为"先开外设，后开主机"。

2．Windows 操作系统的退出。

通过"开始"菜单，用户可以根据自己的需要采用多种方式退出 Windows 操作系统。

（1）注销。点击"开始"菜单"注销"选项，在弹出的"注销 Windows"对话框中选择"注销"按钮，如图 2-1 所示。即可关闭所有程序，保存内存信息，断开网络连接，将当前用户注销。

（2）切换用户。与注销的步骤相同，在"注销 Windows"对话框中选择"切换用户"按钮。使 Windows 不关闭程序，回到欢迎界面，重新选择用户。

（3）待机。点击"开始"菜单"关闭计算机"选项，在弹出的"关闭计算机"对话框中选择"待机"按钮，如图 2-2 所示。计算机进入待机状态，再次使用时从欢迎界面开始。待机状态可以节约电能，但不保存内存信息。

图 2-1　注销 Windows

图 2-2　关闭计算机

（4）重新启动。与待机的步骤相同，在弹出的"关闭计算机"对话框中选择"重新启动"按钮。将保存 Windows 系统设置和内存信息，重启计算机。

操作提示： 使用主机箱上的 Reset 键也可以进行计算机的重新启动。

（5）关闭计算机。关闭所有已经打开的窗口，点击"开始"菜单"关闭计算机"选项，在弹出的"关闭计算机"对话框中选择"关闭"按钮。将保存 Windows 系统设置和内存信息，关闭电源，退出 Windows 操作系统。

操作提示： 正确的关机顺序为"先关主机，后关外设"。

3．Windows XP 桌面组成及基本操作。

（1）Windows XP 操作系统的桌面组成。

Windows XP 操作系统的桌面组成如图 2-3 所示。桌面图标代表文件或程序的小图形，通常排列于桌面的左侧，如"我的电脑"等。如果是快捷方式图标，在图标的左下角还有一个小白黑箭头。

图 2-3　Windows XP 桌面组成

（2）桌面图标的基本操作。

◆ 排列图标：在桌面空白处单击鼠标右键，弹出桌面的快捷菜单。鼠标指向"排列图标"命令，在出现的下一级子菜单上观察"自动排列"命令前是否有"√"标记。若有，单击之使"√"标记消失，这样就取消桌面的"自动排列"方式。这时可以把桌面上的任一图标拖动到任意位置。

◆ 删除图标：单击桌面上的"我的文档"图标，图标颜色变暗，按一下"Delete"键，在弹出的对话框中单击"是"按钮，则删除了"我的文档"图标。

（3）"开始"菜单。单击"开始"按钮，打开"开始"菜单，在"开始"菜单中可以进行所需操作。例如，在开始菜单中启动附件中的"画图"应用程序的操作方法是：单击"开始"→"程序"→"附件"→"画图"命令即可。

（4）任务栏的操作。任务栏中包括"开始"按钮、快速启动按钮、窗口按钮、输入法选择按钮和通知区域，如图 2-4 所示。

　"开始"按钮　快速启动按钮　　　　　　窗口按钮　　　　　　输入法选择按钮　　　　通知区域

图 2-4　Windows XP 任务栏

◆ 任务栏属性设置。右击任务栏空白处，在弹出的快捷菜单中选择"属性"命令，如图 2-5 所示，打开"任务栏和开始菜单属性"对话框，如图 2-6 所示。例如，设置任务栏为自动隐藏：选中"自动隐藏任务栏"选项，任务栏自动隐藏，当鼠标指向任务栏位置时，任务栏自动出现。

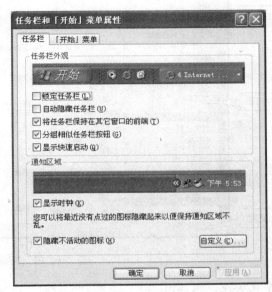

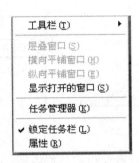

图 2-5　任务栏快捷菜单　　　　图 2-6　"任务栏和开始菜单属性"对话框

◆ 调整任务栏大小及位置（当"锁定任务栏"未选中时才可操作）。

调整大小：将鼠标指向任务栏靠近屏幕中央的边框，当鼠标指针变成垂直双箭头后，按住左键拖动即可改变任务栏大小。

移动位置：鼠标指向任务栏的空白处，拖动鼠标可将任务栏移动到屏幕的四边。

〖任务 2〗练习 Windows XP 窗口操作。

1. 窗口的组成。

窗口的组成如图 2-7 所示。双击"我的电脑"图标，观察窗口的基本组成，指出标题栏、菜单栏、工具栏、滚动条的位置；再观察任务栏上增加了什么？

（1）标题栏：显示窗口的名字。用鼠标双击标题栏可使窗口最大化；用鼠标拖动标题栏可移动整个窗口。

（2）控制菜单按钮：用鼠标单击控制菜单按钮可打开窗口的控制菜单，实现窗口的恢复、移动、大小控制、最大化、最小化和关闭等功能。

（3）最大化/向下还原、最小化和关闭按钮：单击最小化按钮，窗口缩小为任务栏按钮，单击任务栏上的按钮可恢复窗口显示；单击最大化按钮，窗口最大化，同时该按钮变为向下还原按钮，单击向下还原按钮，窗口恢复成最大化前的大小，同时该按钮变为最大化按钮；单击关闭按钮将关闭窗口。

（4）菜单栏：提供了一系列的命令，用户通过使用这些命令可完成窗口的各种操作。

（5）工具栏：为用户操作窗口提供了一种快捷的方法。工具栏上每个小图标对应一个菜单命令，单击这些图标可完成相应的功能。

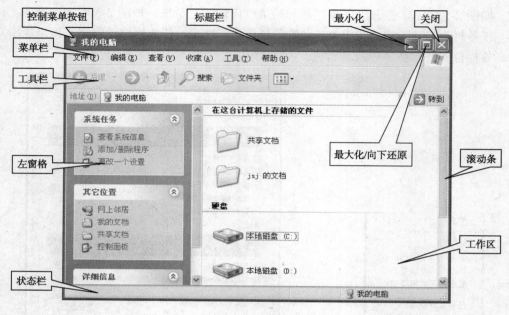

图 2-7　窗口的组成

（6）滚动条：当窗口无法显示所有内容时，可使用滚动条查看窗口的其他内容。滚动条分为水平滚动条和垂直滚动条，垂直滚动条使窗口内容上下滚动，水平滚动条使窗口内容左右滚动。以垂直滚动条为例：单击滚动条向上或向下的箭头可上下滚动一行；单击滚动条中滚动框以上或以下部分可上下滚动一屏；可拖动滚动框到指定的位置。

（7）窗口边框和窗口角：用户可用鼠标拖动窗口边框和窗口角来任意改变窗口的大小。

2．窗口的基本操作。

窗口的基本操作包括调整大小、可进行移动、最大化、最小化、还原、切换、关闭等操作。

（1）改变窗口大小：将鼠标移动到左（右）边框或角上，当鼠标指针变为双箭头或 45° 倾斜的双箭头时，拖动鼠标，可改变窗口大小。

（2）窗口移动：鼠标在窗口的标题栏，按住左键拖动鼠标，移动至新的位置松开。

操作提示：窗口处于最大化时不能移动和改变窗口大小。

（3）窗口切换：当打开多个窗口时，单击任务栏上不同应用程序的图标，观察屏幕上展开窗口的变化。也可以利用快捷键（Alt+Tab）切换窗口。

（4）窗口排列：当打开多个窗口时，右击任务栏空白处，打开任务栏快捷菜单，分别单击层叠窗口、横向平铺窗口、纵向平铺窗口，注意观察窗口排列方式的变化情况。

（5）窗口关闭：单击窗口右上角的关闭按钮或双击控制菜单按钮；按 Alt+F4 组合键。

〖任务 3〗认识 Windows XP 的对话框。

对话框是 Windows 和用户进行信息交流的一种方式。在菜单中的菜单项后带有省略号 "…"，表示执行该菜单命令会出现对话框。对话框不能改变大小，无最小化和最大化/还原功能，但能移动。对话框包括标题栏、选项卡、文本框、列表框、下拉列表框、复选框、单选按钮、命令按钮、微调数字按钮等，不同的对话框分别有以上部分元素。如图 2-8 所示。

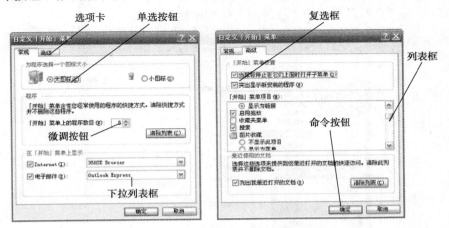

图 2-8 对话框

（1）选项卡：把功能相关的对话框元素合在一起，每项功能的对话框成为一个选项卡，单击对话框顶部的标签可显示相应的选项卡。

（2）文本框：用鼠标在文本框中单击，则光标插入点显示在文本框中，此时用户可输入修改文本框的内容。

（3）列表框：用鼠标单击列表中需要的项，该项显示在正文框中，即完成操作。

（4）下拉式列表框：用鼠标单击下拉式列表框右边的倒三角按钮，出现一个列表框，单击需要的项，该项显示在正文框中，即完成操作。

（5）复选框：可多选的一组选项。单击要选定的项，则该项前面的小方框中出现"√"，表示选定了该项，再单击该项，则前面的"√"消失，表示取消该项。

（6）单选按钮：只能单选的一组选项。只要单击要选择的项即可，被选中的项前面的小圆框中出现"●"。

（7）命令按钮：直接单击相关的命令按钮，则完成对应的命令。

（8）微调按钮：用于选定一个数值。单击正三角按钮增加数值，单击倒三角按钮减少数值。

〖任务 4〗Windows XP 的菜单。

1. 菜单的类型。

（1）"开始"菜单：单击"开始"按钮，打开"开始"菜单，在"开始"菜单中可以进行所需操作。

（2）控制菜单：单击控制菜单按钮或右击标题栏后会打开控制菜单。

（3）快捷菜单：将鼠标指针指向某一对象，单击鼠标右键后弹出的菜单。

（4）命令（应用程序）菜单：某个应用程序窗口菜单栏下的各个功能项组成的菜单。

2. 菜单的操作。

以"我的电脑"窗口菜单为例，使用鼠标或键盘打开命令菜单，执行菜单命令。

（1）鼠标操作：双击"我的电脑"图标，打开"我的电脑"窗口，单击菜单栏中的任意菜单项，将展开成下拉菜单，移动鼠标到要执行的命令项上单击该命令即可。如图 2-9 所示"我的电脑"中的"查看"菜单的"按类型"排列图标命令。

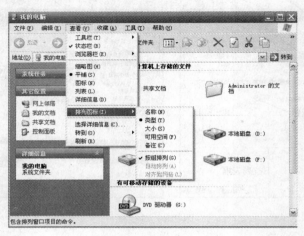

图 2-9　命令菜单

（2）使用键盘操作：使用"Alt+带下划线字母"打开相应的菜单，按后面的热键执行，按 Esc 键取消菜单（如按 Alt+V 键打开"查看"菜单，再单击 Alt+I 键打开"排列图标"子菜单）。

3．菜单中的有关约定。

在菜单栏中，菜单都有一个加下划线的字母，按"Alt+下划线字母"将会执行该项命令。在菜单中，除了命令名外，还有一些符号，这些符号的含义如下。

▶：表示此项的后面有子菜单，鼠标指针指向这些命令时，将打开其子菜单。

●：表示选中此菜单命令。通常，有几个命令在一起，是互斥的关系。如在资源管理器中的"大图标"、"小图标"、"列表"、"详细资料"命令之间有这样的符号，表示选中一种查看方式。

√：表示开关命令，有对勾时表示选中该命令，再次单击则取消对勾。

"灰暗"：表示使用此命令的条件还不具备，不能执行此命令。

"亮光"：表示此命令处于选择状态，单击或按回车键就可执行。

【自主实验】

〖任务 1〗桌面常用图标操作。

1．双击桌面上"我的电脑"图标，打开"我的电脑"窗口。

2．双击驱动器 C：的图标，浏览查看磁盘 C：上的文件和文件夹。

3．单击窗口的关闭按钮，关闭"我的电脑"窗口。

4．单击任务栏上"开始"按钮，打开"开始"菜单。

5．单击"设置"选项，打开"设置"菜单。

〖任务 2〗窗口、菜单和对话框操作。

1．单击任务栏上"开始"按钮，打开"开始"菜单。

2．单击"程序"选项，打开"程序"菜单。

3．单击"附件"选项，打开"附件"菜单。

4．单击"记事本"选项，打开"记事本"窗口。

5．拖动窗口标题栏，使窗口移至屏幕右下方。

6．分别拖动窗口左边框和左上角，改变窗口的大小。

7．双击窗口标题栏，使窗口最大化。

8．单击向下还原按钮使窗口恢复刚才的大小。

9．单击"文件"菜单项，打开"文件"菜单。

10．单击"页面设置…"菜单命令，打开"页面设置"对话框。

〖任务 3〗任务栏的设置。

1．将任务栏置于桌面顶端，同时设为自动隐藏。

2．将任务栏属性设为总在最前并将其移到桌面右侧。

实验 2-2　文件及文件夹的管理

【实验目的】

1．掌握文件和文件夹的基本操作。

2．掌握"我的电脑"和"资源管理器"的使用方法。

【主要知识点】

1．Windows 的文件系统。

2．资源管理器的使用。

3．文件及文件夹的操作。

【实验任务及步骤】

〖任务 1〗了解 Windows 的文件系统。

计算机中处理的任何数据和信息都以文件的形式存储在磁盘上，并通过层次目录结构进行管理。操作系统支持用户"按名存取"文件。

1．文件及文件夹的命名。

文件和文件夹的名称由若干个合法字符组成。文件名的组成格式如下：

<主文件名>[.<扩展名>]

其中，主文件名表示该文件的名称，不可省略，扩展名表示该文件的类型，可省略。文件夹一般没有扩展名。

文件和文件夹的命名规则如下：

（1）文件名可使用字母（不区分大小写）、数字 0～9、汉字及部分特殊字符等。

（2）不允许使用的字符有\、/、:、|、<、>、"、?、*等。

（3）取名遵循"见名知意"的原则。

2．文件的扩展名。

常见的扩展名及其约定的文件类型如表 2-1 所示。

表 2-1　扩展名及其约定类型

扩 展 名	约 定 类 型	扩 展 名	约 定 类 型
.bat	批处理文件	.com	命令解释文件
.bmp	Windows 位图文件	.exe	可执行的二进制文件
.txt	文本文件	.bak	备注文件
.doc	Word 文档文件	.xls	Excel 工作簿文件
.ppt	PowerPoint 演示文稿文件	.c	C 语言源程序文件
.dbf	数据库的表文件	.tmp	临时文件

3．通配符。

对多个文件进行操作时，可使用通配符"？"、"＊"来代替文件名中的字符。"？"可表示任意一个字符，"＊"可表示任意一串字符。如*.doc 表示所有 Word 文档，a?.doc 表示以 a 开头两个字符的所有 Word 文档。

〖任务 2〗认识"资源管理器"。

1．启动"资源管理器"的方法。

（1）单击"开始"按钮，打开"开始"菜单，单击"程序"→"附件"→"Windows 资源管理器"命令，即可启动如图 2-10 所示"资源管理器"窗口。

（2）用鼠标右击"开始"按钮，选择快捷菜单中的"资源管理器"命令。

（3）右击"我的电脑"、"回收站"等图标，选择快捷菜单中的 "资源管理器"命令。

操作提示：Windows XP 的资源管理器窗口标题为当前打开的文件夹（或驱动器）名。

2．"我的电脑"的启动方法。

在桌面上双击"我的电脑"图标，即可启动"我的电脑"。

3．"资源管理器"和"我的电脑"之间的切换。

单击"我的电脑"窗口工具栏的"文件夹"按钮，"我的电脑"即可变成"资源管理器"，反之亦然，如图 2-10 所示。

图 2-10　"资源管理器"窗口

〖任务 3〗"资源管理器"的基本操作。

1. 在"资源管理器"窗口显示或取消"工具栏"。

（1）在"资源管理器"窗口，单击"查看"→"工具栏"命令，显示如图 2-11 所示的"工具栏"级联菜单。

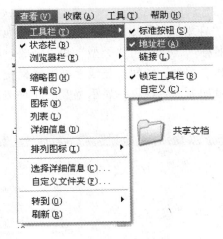

图 2-11 工具栏菜单

（2）在"工具栏"的级联菜单中，观察"标准按钮"、"地址栏"等命令选项，若命令前有"✓"号，表示该项已经选中，否则表示该项尚未选中，可以单击该项将其选中，被选中的工具栏将在窗口中显示；若取消命令前的"✓"号，工具栏将在窗口中消失。

2. 设置"资源管理器"中左窗格的显示风格。

在"资源管理器"窗口，打开"查看"菜单，指向"浏览器栏"项，在弹出的级联菜单中，分别单击"文件夹"、"搜索"、"收藏夹"等命令，观察左窗格的显示风格。通常，"资源管理器"左窗格显示为"文件夹"风格的树型结构。图 2-10 即为"文件夹"显示风格的"资源管理器"窗口。

3. 使用"资源管理器"浏览计算机资源。

（1）在如图 2-10"资源管理器"窗口中，单击左窗格的上、下滚动按钮或拖动垂直滚动条，可上下移动来浏览左窗格中的显示内容。

（2）如果要访问、浏览的对象在某个文件夹的子文件夹中，可通过单击文件夹左边的"+"号，逐级展开文件夹结构，直到目标文件夹显示出来（当单击"+"号展开文件夹结构的同时，文件夹左侧的"+"号变为"—"号；单击"—"号可以关闭文件夹结构）。

（3）单击左窗格中的某一文件夹，如"Program Files"文件夹，使该文件夹处于打开状态，在右窗格中将显示该文件夹中的内容。

（4）单击工具栏上的"向上"按钮，则回到当前文件夹"Program Files"的上一级文件夹（例如 C 盘文件夹），此时右窗格内显示 C 盘文件夹的内容。

（5）在右窗格中双击"Program Files"文件夹图标，则同样可打开"Program Files"文件夹，右窗格显示"Program Files"文件夹中的内容。

4. "资源管理器"窗口右窗格内容显示方式的设置。

（1）在"资源管理器"窗口中，单击"查看"菜单（或单击工具栏的"查看"下拉按钮）在其下拉菜单中，分别单击其中的"平铺"、"图标"、"列表"、"详细信息"和"缩略图"命令，参见图2-11所示，观察右窗口中显示方式的变化，命令项前有"●"标记的为当前显示方式。

（2）图2-12所示的是按"详细资料"方式的显示风格，若拖动右窗格上方任意两个属性之间的竖分隔线，可以对"名称"、"大小"、"类型"和"修改时间"各项的显示宽度进行调整。如将鼠标指向"名称"和"大小"之间的竖线上，当鼠标变为双向箭头时向右拖动鼠标至适当的位置时释放鼠标，可加大"名称"栏显示宽度，此时文件、文件夹列表的名称会全部显示于窗口中。

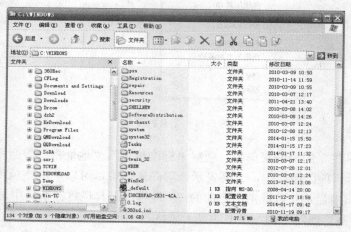

图2-12　按"详细资料"方式显示

5. 对"资源管理器"右窗格文件、文件夹列表进行排序。

（1）在"查看"下拉菜单中，将鼠标指向"排列图标"命令，在弹出的级联菜单中，可以看到如图2-13所示各项命令，分别单击其中按类型、按大小、按名称和按修改时间排序命令，可以看到右窗格中内容按命令重新进行排列。

图2-13　排列图标

（2）如果右窗格的显示方式是按"详细资料"方式显示的，直接单击右窗格上方的"名称"、"大小"、"类型"和"修改时间"各项，观察右窗格的变化。例如：单击"大小"选项，则可以看到显示方式是按文件从小到大排列，再次单击"大小"，则按从大到小排列；又如：单击"类型"选项，窗口中的文件、文件夹按扩展名的字母顺序排列。

6．设置文件、文件夹的属性。

文件的属性有"只读"、"隐藏"、"系统"和"存档"四种属性。对于系统文件和隐藏文件，在资源管理器中一般是不显示的，但可以通过"文件夹选项"对话框来设置是否显示系统文件和隐藏文件。

例如：将 C 盘文件夹中的"calc.exe"文件属性设置为"隐藏"和"只读"。

（1）在资源管理器中打开 C 盘文件夹，浏览找到"calc.exe"文件（最好使用"搜索"按钮）。

（2）用鼠标右键单击"calc.exe"文件，在弹出的快捷菜单中选择"属性"命令，打开如图 2-14 所示文件属性对话框。

（3）分别单击"隐藏"和"只读"复选按钮，将其选中，单击"确定"按钮，则该文件已被设置成只读和隐藏属性文件。

（4）单击"查看"菜单的"刷新"命令，会发现"calc.exe"文件已经被隐藏了。

7．设置文件夹选项。

在"资源管理器"窗口，单击"工具"→"文件夹选项"命令，打开"文件夹选项"对话框，单击对话框的"查看"选项卡，如图 2-15 所示，从图中可知，系统默认了一些设置，有时需要我们更改的常用设置包括：隐藏文件和文件夹、使用简单文件共享、隐藏已知文件类型的扩展名等。

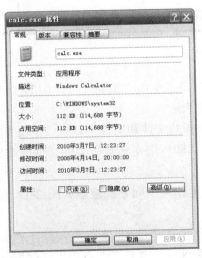

图 2-14　文件属性对话框

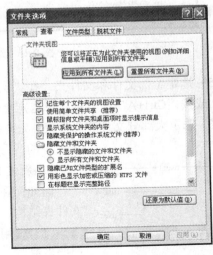

图 2-15　"文件夹选项"对话框

〖任务 4〗文件和文件夹的操作。

1．选定文件或文件夹。

（1）选定单个文件或文件夹：单击"资源管理器"右窗格中的某个文件或文件夹的图标

即可选定该文件或文件夹。

（2）选定多个连续的文件或文件夹：在"资源管理器"窗口，单击右窗格中的第一个要选定的文件或文件夹的图标，然后按住 Shift 键不放，再单击最后一个要选定的文件或文件夹图标。

（3）选定多个不连续的文件或文件夹：在"资源管理器"窗口，单击第一个要选定的文件或文件夹，按住 Ctrl 键不放，再逐一单击要选定的文件或文件夹图标。

（4）选定某个区域的文件或文件夹：在"资源管理器"窗口，按住鼠标左键，拖动鼠标形成一个矩形框，则矩形框中的文件将被选中，如图 2-16 所示。

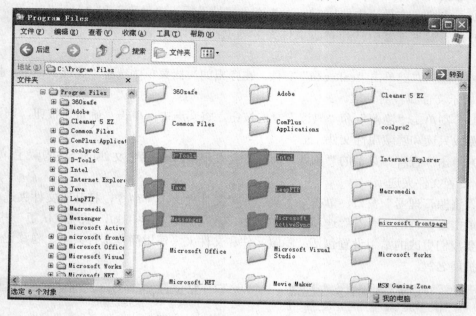

图 2-16　选择文件或文件夹区域

（5）选定全部文件和文件夹：在"资源管理器"窗口，单击"编辑"菜单中的"全选"命令，或按"Ctrl+A"组合键，可选定全部文件和文件夹。

（6）选定大部分文件和文件夹：先选择少数不需选择的文件和文件夹，然后单击"编辑"菜单中的"反向选择"命令，即可选定多数所需的文件或文件夹。

2．新建文件夹。

例如：在 D 盘文件夹里使用不同方法新建如图 2-17 所示的文件夹结构。

```
Text ──── user1 ──── user3
      └── user2 ──── user4
                  └── user5
```

图 2-17　新建文件夹结构

（1）使用"文件"菜单建立"Text"文件夹。打开"资源管理器"窗口，在左窗格中找到 D 盘并单击。单击"文件"→"新建"→"文件夹"命令，将在当前 D 盘文件夹中新增一个名为"新建文件夹"的子文件夹，且此时文件名反白显示，如图 2-18 和图 2-19 所示。输入文字"Text"，按"回车"键或鼠标单击其他任意位置完成"Text"文件夹的建立。

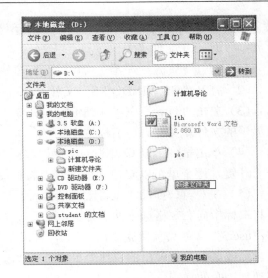

图 2-18　"文件"菜单中"新建"子菜单　　　　图 2-19　新建文件夹时的窗口

（2）在刚建立的"Text"文件夹中，使用快捷菜单方法建立 user1 和 user2 及其下一级的文件夹。在右窗格双击"Text"文件夹，将其打开。右击右窗格的空白处，打开快捷菜单，如图 2-20 所示。单击"新键"→"文件夹"命令，将生成"新建文件夹"。直接输入新文件夹名"user1"，在"Text"文件夹中建立"user1"子文件夹。重复上述四步操作建立 user2文件夹。

用同样方法完成其他文件夹的创建。

通过上面操作便可建立如图 2-21 所示的文件夹结构。

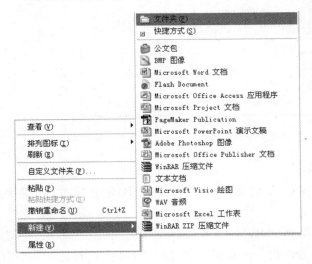

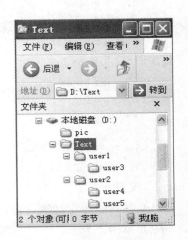

图 2-20　快捷菜单图　　　　　　　　　　　图 2-21　新建文件夹结构

3．文件或文件夹的复制。

以下操作针对刚建立的"Text"文件夹。

方法一：使用鼠标拖放复制文件或文件夹。

例如：将 C 盘文件夹下的"WINDOWS"文件夹中所有以 C 开头的文件（不含文件夹）复制到"user3"文件夹中。

（1）打开"资源管理器"窗口，在左窗格浏览找到目标文件夹"D:\Text\user1\user3"。

（2）打开"C:\ WINDOWS"文件夹。

（3）单击"查看"→"详细信息"命令，再单击右窗格上边的"名称"列标题，使右窗口显示的文件和文件夹按名称排序。

（4）单击第一个以 C 开头的文件，按住 Shift 键，再单击最后一个以 C 开头的文件；或按 Ctrl 键，逐个单击以 C 开头的文件，将目标选中。

（5）在左窗口拖动"垂直滚动条"，使目标文件夹"D:\Text\user1\user3"显示在左窗格，再将鼠标指向右窗格选中的文件上，按住鼠标左键不放，拖动鼠标至目标文件夹"user3"（此时"user3"文件夹呈蓝底反白显示），完成复制；或按右键拖动目标文件到"user3"文件夹后，释放鼠标，在弹出的快捷菜单中选择"复制到当前位置"，也可进行复制。如图 2-22 为拖动复制时的样图。

操作提示： 若是在同一个磁盘中实施复制操作，在拖放鼠标时需要同时按住 Ctrl 键。

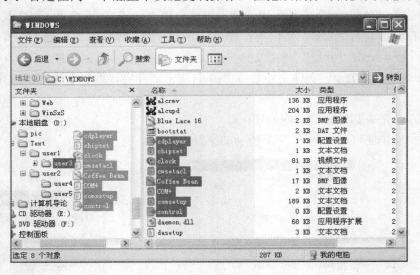

图 2-22　拖动复制操作样图

方法二：利用剪贴板进行对象的复制。

例如：将 C 盘文件夹下的"WINDOWS"文件夹中所有扩展名为.BMP 的文件，复制到"user2"文件夹中。

（1）在"资源管理器"窗口，打开"WINDOWS"文件夹。

（2）单击"查看"→"详细信息"命令，再单击右窗格上边的"类型"列标题。此时右窗格以"详细信息"方式显示文件和文件夹，并按"类型"排序。

（3）单击第一个扩展名为.BMP 的文件，按住 Shift 键再单击最后一个扩展名为.BMP 的文件；或按 Ctrl 键，逐个单击扩展名为.BMP 的文件，将目标文件选中。

（4）单击菜单栏"编辑"→"复制"命令，或右击选中的对象从弹出的快捷菜单中选"复制"命令或按 Ctrl+C 键，完成复制。

（5）打开目标文件夹"user2"。单击菜单栏"编辑"→"粘贴"命令，或右击右窗格空白处，从弹出的快捷菜单中选"粘贴"命令或按 Ctrl+V 键，完成粘贴。

4．文件或文件夹的移动。

方法一：使用鼠标拖动方法移动对象。

例如：将"user2"文件夹中的文件移动到"user4"中。

在资源管理器中，打开"user2"文件夹，选中全部文件，将鼠标指向被选中的文件，按住鼠标左键不放，拖动鼠标指针至目标文件夹"user4"后释放鼠标左键；或按住鼠标右键拖动文件到"user4"文件夹释放鼠标，在弹出的快捷菜单中选"移动到当前位置"，完成文件的移动。

操作提示：若是在不同磁盘中实施移动操作，在拖放鼠标时需要同时按住 Shift 键。

使用鼠标拖动的方法复制或移动文件、文件夹时，注意观察鼠标指针下方是否有"+"号。有"+"号表示"复制"，无"+"号表示移动。

方法二：利用剪贴板移动对象。

例如：将"user3"文件夹的文件移动到"user5"中。

（1）在资源管理器中，选中"user3"文件夹中的全部文件。

（2）单击菜单栏"编辑"→"剪切"命令，或右键单击快捷菜单中"剪切"命令或按 Ctrl+X 键，将文件剪切到剪贴板中。

（3）打开目标文件夹 user5，单击菜单栏"编辑"→"粘贴"命令；或右击右窗格空白处，从弹出的快捷菜单中选"粘贴"命令或按 Ctrl+V 键，完成文件的移动。

5．文件或文件夹的删除。

例如：删除"user3"文件夹。

选定要删除的文件夹"user3"，单击鼠标右键，在弹出的快捷菜单中选择"删除"命令；或单击菜单栏"文件"→"删除"命令；或按 Del 键；在弹出的"确认删除文件"对话框中，单击"是"按钮，即可将"user3"文件夹删除（系统将被删除的文件夹放到"回收站"中）。

操作提示：若在执行删除操作时，按住 Shift 键不放，可彻底从计算机中删除"user3"，而不存放到"回收站"中。

6．文件或文件夹的重命名。

例如：将"user1"文件夹更名为"用户 1"。

打开"Text"文件夹，在右窗格中选中要重命名的"user1"文件夹，单击其文件夹名，当名称变为反白显示且有光标闪烁时，键入新文件夹名"用户 1"，按回车键或单击空白处确认；也可右击要重命名的文件夹，从弹出的快捷菜单中选"重命名"命令或单击菜单栏"文件"→"重命名"命令，当名称变为反白显示时，输入要更改的新文件名。

〖任务 5〗搜索文件或文件夹。

如果某些文件难以通过浏览找到，可以打开如图 2-23 所示搜索窗口，从中设置相应的搜索条件，查找所需文件或文件夹。

操作提示：在输入搜索文件名时，可使用通配符"*"和"?"。"*"可表示任意多个任意字符；"?"可表示一个任意字符。如："*.*"表示所有文件，"?A*.*"表示文件名第二个字符为 A 的所有文件。

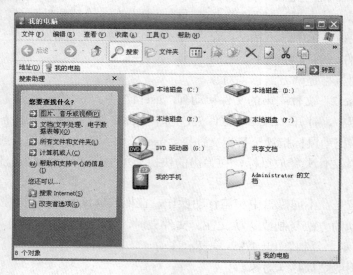

图 2-23　搜索窗口

【自主实验】

〖任务 1〗打开资源管理器，熟悉资源管理器的窗口组成，然后进行下列操作。

1．隐藏暂时不用的工具栏，并适当调整左右窗格的大小。

2．改变文件和文件夹的显示方式及排序方式，观察相应的变化。

〖任务 2〗在 D 盘上创建一个名为 Lx 的文件夹，再在 Lx 文件夹下创建一个名为 Lxsub 的子文件夹，然后进行下列操作。

1．C:\WINDOWS 文件夹中任选 4 个类型为"文本文件"的文件，将它们复制到 D:\Lx 文件夹。

2．将 D:\Lx 文件夹中的一个文件移动到 Lxsub 子文件夹中。

3．在 D:\Lx 文件夹中创建一个类型为"文本文件"的空文件，文件名为"My.txt"。

4．删除 Lxsub 子文件夹，然后再将其恢复。

5．将 Lx 文件夹下的最后一个文件的属性设为"隐藏"。

6．在窗口中显示出具有"隐藏"属性的文件。

7．在窗口中显示文件的扩展名，并记录类型为"文本文件"的扩展名是什么？

8．在 C 盘上搜索名为"calc.exe"文件，并将其复制到 D:\Lx 文件夹中。

9．将 D:\Lx 文件夹中的 calc.exe 文件改名为"计算器.exe"。

〖任务 3〗查看 C:\WINDOWS 文件夹的属性，了解该文件夹的位置、大小、包含的文件及子文件夹数、创建时间等信息。

实验 2-3　文件压缩与解压缩

【实验目的】

1．了解常用的文件压缩软件。

2．掌握文件压缩软件 WinRAR 的使用方法。

【主要知识点】

1．文件的压缩与解压缩。

2．压缩软件的使用。

【实验任务及步骤】

〖任务 1〗将实验 2-2【自主实验】任务 2 中所建立文件夹 Lx 压缩，并命名为"实验 2 任务 2.exe"。

1．选中实验 2-2【自主实验】任务 2 中所建立文件夹 Lx 并右击，在弹出的快捷菜单中选择"添加到压缩文件"命令，如图 2-24 所示。

图 2-24 选择要压缩的文件或文件夹后右击的效果

2．在弹出如图 2-25 所示的"压缩文件名和参数"对话框中，在"压缩文件格式"选项组中选中"RAR"单选按钮，并在"压缩选项"选项组中选中"创建自解压格式压缩文件"，将"压缩文件名"改为"实验 2 任务 2.exe"，然后单击"确定"按钮。

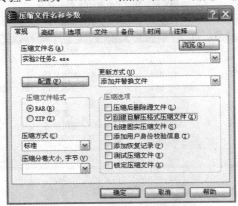

图 2-25 设置压缩文件名和参数

〖任务 2〗将"实验 2 任务 2.exe"解压缩到 D 盘。

双击压缩文件"实验 2 任务 2.exe",打开"WinRAR 自解压文件"窗口,如图 2-26 所示,选择目标文件夹后,单击"安装"按钮。如果创建的不是自解压格式的压缩文件,则在双击它时会出现如图 2-27 所示的 WinRAR 主界面,单击工具栏"解压到"按钮,弹出 2-28 所示的"解压路径和选项"对话框,在"目标路径"下拉列表框中输入或选择文件解压后的路径,然后单击"确定"按钮。

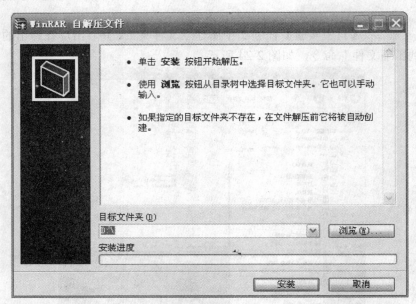

图 2-26　自解压文件窗口

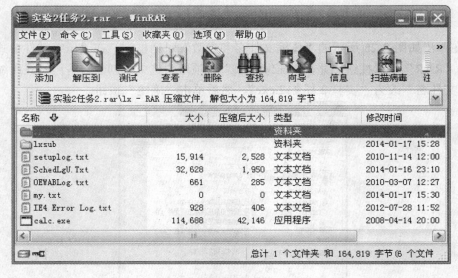

图 2-27　WinRAR 主界面

图 2-28　"解压路径和选项"对话框

实验 2-4　控制面板的使用

【实验目的】

1．Windows XP 控制面板的简介。

2．控制面板中常用工具的使用。

【主要知识点】

1．Windows XP 控制面板的使用。

2．利用控制面板对计算机的属性进行设置。

【实验任务及步骤】

〖任务 1〗Windows XP 控制面板的简介。

控制面板是 Windows XP 图形用户界面的一部分，系统的安装、配置、管理和优化都可以在控制面板中完成，比如添加硬件、添加/删除软件、控制用户帐户、更改辅助功能选项等，它是集中管理系统的场所。

1．启动控制面板的方法。

方法一：执行"开始"→"设置"→"控制面板"命令。

方法二：在"我的电脑"窗口中双击控制面板图标。

2．控制面板视图有两种形式：经典视图和分类视图。

（1）分类视图是 Windows XP 提供的最新的窗口形式，它把相关的控制面板项目和常用的任务组合在一起以组的形式呈现在用户面前，如图 2-29 所示。

（2）经典视图是传统的窗口形式：点击"切换到经典视图"按钮，切换到的经典视图如图 2-30 所示。

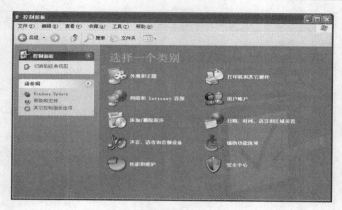

图 2-29　控制面板分类视图窗口

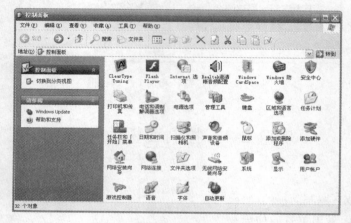

图 2-30　控制面板经典视图窗口

〖任务 2〗控制面板中常用工具的使用。

1．"显示"属性。

双击"控制面板"窗口中的"显示"图标，弹出"显示属性"对话框。

（1）更改桌面背景。

操作提示：在打开的"显示属性"对话框中选择"桌面"选项卡，在"背景"列表框中选择一种背景图片；也可以单击"浏览"按钮，在磁盘上选择一个图片文件，图片的显示方式可以设置为"平铺"、"拉伸"或"居中"，单击"确定"完成桌面背景的设置。

（2）更改屏幕保护程序。

操作提示：在打开的"显示属性"对话框中选择"屏幕保护程序"选项卡，在"屏幕保护程序"下拉列表框中选择一种屏幕保护程序，如 Windows XP，单击"预览"按钮，预览屏幕保护程序。调整等待时间，如 5 分钟，也可以选择"在恢复时使用密码保护"复选框，单击"确定"按钮即完成屏幕保护程序的设置。

（3）选择"外观"选项卡。

在"窗口和按钮"下拉列表框中选择 Windows 经典样式，在"色彩方案"下拉列表框中选择银色，在"字体大小"下拉列表框中选择大字体。

（4）设置"显示器"的分辨率为 1024×768，刷新频率为 75 赫兹。

操作提示：选择"设置"选项卡，将"屏幕分辨率"中的滑块移动至 1024×768，单击"高级"按钮弹出"即插即用监视器"对话框，选择"监视器"选项卡，在"屏幕刷新频率"下拉列表框中选择 75 赫兹。

2．输入法的添加和删除。

双击"控制面板"窗口中的"区域和语言选项"图标，弹出"区域和语言选项"对话框，如图 2-31 所示。在"语言"选项卡中单击"详细信息"按钮，弹出"文字服务和输入语言"对话框，如图 2-32 所示。

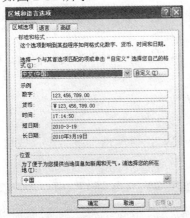
图 2-31　区域和语言选项

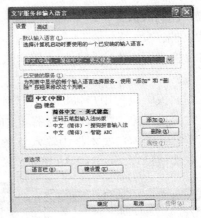
图 2-32　文字服务和输入语言

（1）删除智能 ABC 输入法。

操作提示：在"文字服务和输入语言"对话框中，选择"设置"选项卡，在"已安装的服务"中选择智能 ABC 输入法，单击"删除"按钮，即完成操作。

（2）添加全拼输入法。

操作提示：选择"设置"选项卡，单击"添加"按钮，弹出"添加输入语言"对话框，在"输入语言"中选择中文，在"键盘布局/输入法"中选择全拼输入法，单击"确定"按钮，即完成操作。

3．添加或删除程序。

双击"控制面板"窗口中的"添加或删除程序"图标，弹出"添加或删除程序"窗口，如图 2-33 所示。

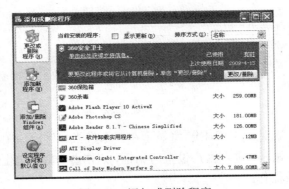
图 2-33　添加或删除程序

（1）更改或删除程序。

操作提示： 单击"添加或删除程序"窗口左侧"更改或删除程序"按钮，在"当前安装的程序"列表框中选择需要删除的程序，如图 2-33 所示，单击"更改/删除"按钮，可以从系统中卸载应用程序。

（2）添加新程序。

操作提示： 单击"添加新程序"按钮，可以从软盘或光盘中安装程序。

4．鼠标属性。

双击"控制面板"窗口中的"鼠标"图标，弹出"鼠标属性"对话框，如图 2-34 所示。

5．用户帐户。

双击"控制面板"窗口中的"用户帐户"图标，弹出"用户帐户"设置窗口，如图 2-35 所示。

在控制面板中设置用户帐户，帐户名为 ZYNEW，并设置一个密码。

（1）在"用户帐户"窗口中选择"创建一个新帐户"。

（2）在打开的窗口文本框中输入新帐户名"ZYNEW"，再单击"下一步"按钮，然后按照向导完成其他设置，如图 2-36 所示。

图 2-34　鼠标属性

图 2-35　用户帐户

图 2-36　新建帐户

（3）完成向导后，新帐户 ZYNEW 将显示在"用户帐户"窗口中。

（4）选择 ZYNEW 帐户，进入帐户设置对话框，点击创建密码按钮，输入密码后点击"创建密码"按钮，即完成操作。

6．日期和时间。

双击"控制面板"窗口中的"日期和时间"图标，弹出"日期和时间属性"设置窗口，如图 2-37 所示。

图 2-37　日期和时间属性

【自主实验】

〖任务 1〗设置显示属性。

1．打开显示属性对话框中的"桌面"选项卡。

2．在背景列表框中选择"城堡"。

3．右边"位置"下拉列表框中选择"居中"选项。

4．打开显示属性对话框中的"屏幕保护程序"选项卡。

5．在"屏幕保护程序"下拉列表框中选择"三维文字"选项。

6．在下面"等待"微调框中设定时间为 2 分钟。

7．打开显示属性对话框中的"设置"选项卡。

8．拖拉屏幕分辨率活动条，设为 1024 像素×768 像素。

9．单击"确定"按钮。

〖任务 2〗添加删除程序（彻底删除 QQ 游戏）。

1．通过控制面板打开"添加或删除程序"对话框。

2．选择左窗格的"更改或删除程序"按钮，在当前安装的程序列表框中找到"QQ 游戏"选项。

3．选中该项，点击右侧"更改/删除"按钮，单击弹出的消息框的"移除"按钮，然后根据提示进行。

〖任务 3〗其他设置。

1．设系统时间为 19：01，日期为 2014 年 1 月 25 日，然后再改为即时时间和日期。

2．在控制面板中打开"字体"文件夹，以"详细信息"方式查看本机已安装的字体。

3．在控制面板中打开"鼠标"属性窗口，适当调整指针速度，并按自己的喜好选择是否显示指针轨迹及调整指针形状。

4．在控制面板中打开"输入法"属性窗口，进行如下操作：删除"区位输入法"，添加"王码五笔型"输入法。将"智能 ABC 输入法"的热键设置为 Ctrl+Alt+O。

5．启动控制面板中的"用户和密码"程序，以自己的姓名建立一个（受限）帐户，并注销原用户，以新建的帐户登录。

实验 2-5　Windows 常用附件的使用

【实验目的】

1．掌握记事本的使用。

2．掌握画图程序的使用。

3．掌握录音机软件。

【主要知识点】

1．了解 Windows XP 常用附件程序。

2．熟练掌握"记事本"和"画图"程序的使用方法。

3．掌握声音的录制方法，学会对声音进行简单编辑。

【实验任务及步骤】

〖任务 1〗利用"记事本"程序编辑文件。

1．打开"记事本"。

单击"开始"，然后依次单击"程序"→"附件"→"记事本"打开记事本程序。

2．在"记事本"中键入文字。

在记事本中键入文字，通过组合键"Ctrl+Shift"可以切换不同的输入法，由于没有格式的限制，可以换用不同的输入法，随心所欲地在里面练习打字。

3．调整文字格式。

虽然记事本中没有太多的文档格式，但是字体和大小的选择还是必不可少的。打开"字体"对话框：单击记事本菜单栏上的"格式"选项，然后在弹出的下拉菜单中选择"字体"。设置"字体"：在弹出的"字体"对话框中可以选择"字体"、"字形"、"大小"等，设置好后点击"确定"按钮可以看到改变后的结果。

4．保存文档并退出程序。

文字输入完成后，如想保存已输入的文字，只需点击菜单栏上的"文件"，然后在下拉菜单中选择"保存"，最后点击窗口右侧的退出按钮即可退出记事本程序。

按组合键"Ctrl+S"可以快速保存文件。

〖任务 2〗掌握"画图"程序的基本操作。

1．"画图"程序的组成。

"画图"程序是一个位图编辑器，可以对各种位图格式的图画进行编辑，用户可以自己绘制图画，也可以对扫描的图片进行编辑修改，在编辑完成后，可以以 BMP、JPG、GIF 等格式存档，用户还可以发送到桌面和其他文本文档中。

画图程序如图 2-38 所示。画图程序界面的构成：①标题栏，在这里标明了用户正在使用的程序和正在编辑的文件；②菜单栏，此区域提供了用户在操作时要用到的各种命令；③工具箱，它包含了十六种常用的绘图工具和一个辅助选择框，为用户提供多种选择；④颜料盒，它由显示多种颜色的小色块组成，用户可以随意改变绘图颜色；⑤状态栏，它的内容随光标的移动而改变，标明了当前鼠标所处位置的信息；⑥绘图区，处于整个界面的中间，为用户提供画布。

2．页面设置。

在用户使用画图程序之前，首先要根据自己的实际需要进行画布的选择，也就是要进行页面设置，确定所要绘制的图画大小以及各种具体的格式。用户可以通过选择"文件"菜单中的"页面设置"命令来实现，如图 2-39 所示。

图 2-38　画图程序

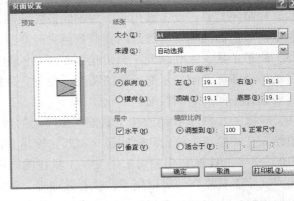

图 2-39　页面设置

在"纸张"选项组中，单击向下的箭头，会弹出一个下拉列表框，用户可以选择纸张的大小及来源，可从"纵向"和"横向"单选框中选择纸张的方向，还可进行页边距及缩放比例的调整，当一切设置好之后，用户就可以进行绘画的工作了。

3．工具箱的使用。

在"工具箱"中，为用户提供了十六种常用的工具，每当选择一种工具时，在下面的辅助选择框中会出现相应的信息，比如当选择"放大镜"工具时，会显示放大的比例，当选择"刷子"工具时，会出现刷子大小及显示方式的选项，用户可自行选择。

（1）裁剪工具：利用此工具，可以对图片进行任意形状的裁切，单击此工具按钮，按下左键不松开，对所要进行的对象进行圈选后再松开手，此时出现虚框选区，拖动选区，即可看到效果。

（2）选定工具：此工具用于选中对象，使用时单击此按钮，拖动鼠标左键，可以拉出一个矩形选区对所要操作的对象进行选择，用户可对选中范围内的对象进行复制、移动、剪切等操作。

（3）橡皮工具：用于擦除绘图中不需要的部分，用户可根据要擦除的对象范围大小，来选择合适的橡皮擦，橡皮工具根据后背景而变化，当用户改变其背景色时，橡皮会转换为绘图工具，类似于刷子的功能。

（4）填充工具：运用此工具可对一个选区内进行颜色的填充，来达到不同的表现效果，用户可以从颜料盒中进行颜色的选择，选定某种颜色后，单击改变前景色，右击改变背景色，在填充时，一定要在封闭的范围内进行，否则整个画布的颜色会发生改变，达不到预想的效果，在填充对象上单击填充前景色，右击填充背景色。

（5）取色工具：此工具的功能等同于在颜料盒中进行颜色的选择，运用此工具时可单击该工具按钮，在要操作的对象上单击，颜料盒中的前景色随之改变，而对其右击，则背景色会发生相应的改变,当用户需要对两个对象进行相同颜色填充,而这时前、背景色的颜色已经调乱时,可采用此工具,能保证其颜色的绝对相同。

(6)放大镜工具 🔍 :当用户需要对某一区域进行详细观察时,可以使用放大镜进行放大,选择此工具按钮,绘图区会出现一个矩形选区,选择所要观察的对象,单击即可放大,再次单击回到原来的状态,用户可以在辅助选框中选择放大的比例。

(7)铅笔工具 ✏ :此工具用于不规则线条的绘制,直接选择该工具按钮即可使用,线条的颜色依前景色而改变,可通过改变前景色来改变线条的颜色。

(8)刷子工具 🖌 :使用此工具可绘制不规则的图形,使用时单击该工具按钮,在绘图区按下左键拖动即可绘制显示前景色的图画,按下右键拖动可绘制显示背景色图画。用户可以根据需要选择不同的笔刷粗细及形状。

(9)喷枪工具 ✏ :使用喷枪工具能产生喷绘的效果,选择好颜色后,单击此按钮,即可进行喷绘,在喷绘点上停留的时间越久,其浓度越大,反之,浓度越小。

(10)文字工具 **A** :用户可采用文字工具在图画中加入文字,单击此按钮,“查看”菜单中的“文字工具栏”便可以用了,执行此命令,这时就会弹出“文字工具栏”,用户在文字输入框内输完文字并且选择后,可以设置文字的字体、字号,给文字加粗、倾斜、加下划线,改变文字的显示方向等。

(11)直线工具 ╲ :此工具用于直线线条的绘制,先选择所需要的颜色以及在辅助选择框中选择合适的宽度,单击直线工具按钮,拖动鼠标至所需要的位置再松开,即可得到直线,在拖动的过程中同时按 Shift 键,可起到约束的作用,这样可以画出水平线、垂直线或与水平线成 45° 的线条。

(12)曲线工具 ∿ :此工具用于曲线线条的绘制,先选择好线条的颜色及宽度,然后单击曲线按钮,拖动鼠标至所需要的位置再松开,然后在线条上选择一点,移动鼠标则线条会随之变化,调整至合适的弧度即可。

(13)矩形工具 ▭ 、椭圆工具 ⬭ 、圆角矩形工具 ▢ :这三种工具的应用基本相同,当单击工具按钮后,在绘图区直接拖动即可拉出相应的图形,在其辅助选择框中有三种选项,包括以前景色为边框的图形、以前景色为边框背景色填充的图形、以前景色填充没有边框的图形,在拉动鼠标的同时按 Shift 键,可以分别得到正方形、正圆、正圆角矩形工具。

(14)多边形工具 ▰ :利用此工具用户可以绘制多边形,选定颜色后,单击工具按钮,在绘图区拖动鼠标左键,当需要弯曲时松开,如此反复,到最后时双击鼠标,即可得到相应的多边形。

4.图像的处理。

在画图工具栏的“图像”菜单中,用户可对图像进行简单的编辑。

(1)在“翻转和旋转”对话框内,有三个单选框:水平翻转、垂直翻转及按一定角度旋转,用户可以根据自己的需要进行选择,如图 2-40 所示。

(2)在“拉伸和扭曲”对话框内,有拉伸和扭曲两个选项组,用户可以选择水平和垂直方向拉伸的比例和扭曲的角度,如图 2-41 所示。

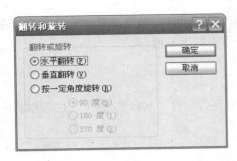 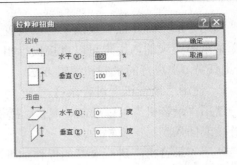

图 2-40　翻转和旋转　　　　　　　　　图 2-41　拉伸和扭曲

（3）选择"图像"下的"反色"命令，图形即可呈反色显示，如图 2-42、图 2-43 是执行"反色"命令前后的两幅对比图。

图 2-42　反色前　　　　　　　　　图 2-43　反色后

（4）在"属性"对话框内，显示了保存过的文件属性，包括保存的时间、大小、分辨率以及图片的高度、宽度等，用户可在"单位"选项组下选用不同的单位进行查看，如图 2-44 所示。

（5）生活中的颜色是多种多样的，在颜料盒中提供的色彩也许远远不能满足用户的需要，但"颜色"菜单中为用户提供了选择的空间，执行"颜色"→"编辑颜色"命令，弹出"编辑颜色"对话框，用户可在"基本颜色"选项组中进行色彩的选择，也可以单击"规定自定义颜色"按钮自定义颜色然后再添加到"自定义颜色"选项组中，如图 2-45 所示。

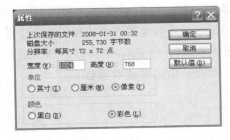 

图 2-44　属性设置　　　　　　　　　图 2-45　编辑颜色

当用户的一幅作品完成后，可以设置为墙纸，还可以打印输出，具体的操作都是在"文件"菜单中实现的，用户可以直接执行相关的命令根据提示操作。

〖任务 3〗声音的录制和编辑方法。

1．使用"录音机"进行录音。

使用"录音机"可以录制、混合、播放和编辑声音文件（.wav 文件），也可以将声音文件链接或插入到另一文档中。

使用"录音机"进行录音的操作如下。

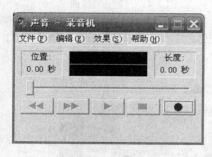

图 2-46　录音机

（1）单击"开始"按钮，选择"程序"→"附件"→"娱乐"→"录音机"命令，打开"声音-录音机"窗口，如图 2-46 所示。

（2）单击"录音"　●　按钮，即可开始录音。最多录音长度为 60 秒。

（3）录制完毕后，单击"停止"　■　按钮即可。

（4）单击"播放"　▶　按钮，即可播放所录制的声音文件。

注意："录音机"通过麦克风和已安装的声卡来记录声音。所录制的声音以波形（.wav）文件保存。

2．调整声音文件的质量。

用录音机所录制下来的声音文件，用户还可以调整其声音文件的质量。调整声音文件质量的具体操作如下。

（1）打开"录音机"窗口。

（2）选择"文件"→"打开"命令，双击要进行调整的声音文件。

（3）单击"文件"→"属性"命令，打开"声音文件属性"对话框，如图 2-47 所示。

（4）在该对话框中显示了该声音文件的具体信息，在"格式转换"选项组中单击"选自"下拉列表，其中各选项功能如下：

◆ 全部格式：显示全部可用的格式；

◆ 播放格式：显示声卡支持的所有可能的播放格式；

◆ 录音格式：显示声卡支持的所有可能的录音格式。

（5）选择一种所需格式，单击"立即转换"按钮，打开"声音选定"对话框，如图 2-48 所示。

（6）在该对话框中的"名称"下拉列表中可选择"无题"、"CD 音质"、"电话质量"和"收音质量"选项。在"格式"和"属性"下拉列表中可选择该声音文件的格式和属性。注意"CD 音质"、"收音质量"和"电话质量"具有预定义格式和属性（例如，采样频率和信道数量），无法指定其格式及属性。如果选定"无题"选项，则能够指定格式及属性。

（7）调整完毕后，单击"确定"按钮即可。

注意："录音机"不能编辑压缩的声音文件。

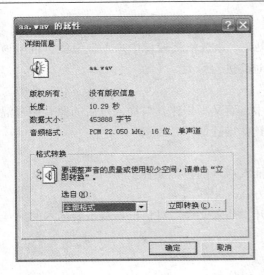

图 2-47　声音文件属性

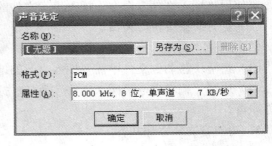

图 2-48　声音选定

3. 混合声音文件。

混合声音文件就是将多个声音文件混合到一个声音文件中。利用"录音机"进行声音文件的混音，可执行以下操作。

（1）打开"录音机"窗口。

（2）选择"文件"→"打开"命令，双击要混入声音的声音文件。

（3）将滑块移动到文件中需要混入声音的地方。

（4）选择"编辑"→"与文件混音"命令，打开"混入文件"对话框，如图 2-49 所示。

图 2-49　混合声音文件

（5）双击要混入的声音文件即可。

注意：将某个声音文件混合到现有的声音文件中，新的声音将与插入点后的原有声音混合在一起。

　　"录音机"只能混合未压缩的声音文件。如果在"录音机"窗口中未发现绿线，说明该声音文件是压缩文件，必须先调整其音质，才能对其进行修改。

　　4．插入声音文件。

　　若想将某个声音文件插入到现有的声音文件中，而又不想让其与插入点后的原有声音混合，可使用"插入文件"命令。插入声音文件的具体步骤如下。

　　（1）打开"录音机"窗口。

　　（2）选择"文件"→"打开"命令，双击要插入声音的声音文件。

　　（3）将滑块移动到文件中需要插入声音的地方。

　　（4）选择"编辑"→"插入文件"命令，打开"插入文件"对话框，双击要插入的声音文件即可。

　　5．为声音文件添加回音。

　　用户也可以为录制的声音文件添加回音效果，操作如下：

　　（1）打开"录音机"窗口；

　　（2）选择"文件"→"打开"命令，打开要添加回音效果的声音文件；

　　（3）单击"效果"→"添加回音"命令即可为该声音文件添加回音效果。

【自主实验】

〖任务1〗利用记事本进行打字训练。

〖任务2〗利用画图程序进行画图练习。

〖任务3〗利用录音机程序进行录音并进行声音的初步处理。

第3章 网络应用实验

实验 3-1 浏览器的使用

【实验目的】

掌握 IE 浏览器的基本应用。

【主要知识点】

WWW 浏览器（也称 Web 浏览器）是万维网服务的客户端浏览程序。可向万维网服务器发送各种请求，并对从服务器发来的超文本信息和各种多媒体数据格式进行解释、显示和播放。目前常用的 Web 浏览器有：微软的 Internet Explorer、Mozilla 的 Firefox、Apple 的 Safari、360 安全浏览器、百度浏览器、腾讯 QQ 浏览器等。本节以微软的 IE 浏览器为例介绍浏览器的使用。

1. IE 浏览器界面。

IE 浏览器的界面如图 3-1 所示。

图 3-1　IE 浏览器界面

标题栏：显示当前网页名称。

地址栏：只要在地址栏中输入网页的 URL，就能访问相应的网页。

搜索栏：输入需要搜索的信息，选择 Google、Live Search、百度进行搜索。

菜单栏：有文件、编辑、查看、收藏夹、工具、帮助等菜单，包含了 IE 浏览器所有的操作命令。

浏览栏：显示网页信息。

状态栏：用于显示浏览器的当前状态以及有关的信息。当鼠标指向一个链接时，在状态栏中将会显示该链接的 URL 地址。

2．常用工具按钮。

IE 浏览器界面中的工具按钮，为我们提供了简单便捷的网页操作方式，主要工具按钮有："后退"、"前进"、"停止"、"刷新"、"主页"、"收藏夹"等。

"后退"、"前进"按钮：当用户在同一浏览器中浏览过多个网页之后，按"后退"、"前进"按钮可以实现在这些网页之间进行切换。

"刷新"按钮：保持正在查看的网页是最新的网页，也可按 F5 键。

"停止"按钮：终止网页的下载。

"主页"按钮：返回到 IE 设置的默认主页。

"收藏夹"按钮：单击"收藏夹"按钮，在屏幕左侧会弹出"收藏夹"窗口，里面包含已收藏的所有网页以及文件夹。可以进行添加新网页和整理收藏夹操作。

3．浏览器属性设置。

右击 IE 图标或启动 IE 以后选择"工具→Internet 选项"命令，将弹出"Internet 属性"对话框，可以对 IE 浏览器相关属性值进行设置。例如设置 IE 的默认主页、删除临时文件以及历史记录、删除被网页保存的密码、设置网页显示的字体与颜色、安全级别设置等。如图 3-2 所示。

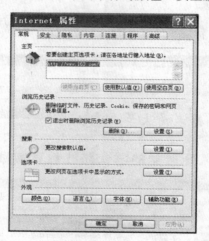

图 3-2　Internet 属性

【实验任务及步骤】

在 D 盘根目录下建立"SHIYAN3-1"子目录作为本次实验的工作目录。

〖任务 1〗访问学校校园网首页。

操作步骤

1．单击桌面的 Internet Explorer 图标，或者单击"开始|程序→Internet Explorer"启动 IE 浏览器。

2．在 IE 浏览器的地址栏中输入学校校园网的域名"www.ctbu.edu.cn"访问校园网首页。

3．在 IE 浏览器的地址栏中输入学校校园网的 IP 地址"211.83.206.1"访问校园网首页。

方法与技巧

访问网页的方法：

1．在 Web 浏览器的地址栏中输入网页的域名或 IP 地址访问相应的网页。

2．如果不清楚网页的域名，可以在百度、Google 等搜索引擎中查询相关网页的官方地址，通过官方地址访问网页。

〖任务 2〗设置浏览器属性。

将学校校园网首页设置为 IE 浏览器的默认首页，网页显示时访问过的链接为蓝色，鼠标悬停颜色为粉色，网页字体为华文行楷。

操作步骤

1．右击桌面的 Internet Explorer 图标选择"属性"，打开"Internet 属性"设置对话框。

2．在"常规"标签的"主页"中，输入学校校园网域名"www.ctbu.edu.cn"。

3．在"常规"标签中，单击"颜色"按钮，打开"颜色"对话框进行以下设置：

（1）取消"使用 Windows 颜色"选择；

（2）设置"访问过的"为蓝色；

（3）选择"使用悬停颜色"，设置"悬停"为粉色；

（4）单击"确定"按钮保存设置。

4．在"常规"标签中，单击"字体"按钮，打开"字体"对话框，设置"网页字体"为华文行楷。单击"确定"按钮保存设置。

5．在"常规"标签中，单击"辅助功能"按钮，打开"辅助功能"对话框，选择"忽略网页上指定的颜色"和"忽略网页上指定的字体样式"，单击"确定"按钮。

6．所有设置完成以后，单击"Internet 属性"对话框的"确定"按钮，关闭对话框窗口。

〖任务 3〗添加网页到浏览器收藏夹。

将校园网中的"教务管理系统"网页添加到 IE 浏览器的收藏夹中，并以"教务管理系统"命名，通过 IE 收藏夹中的名称访问教务管理系统网页。

操作步骤

1．在 IE 浏览器中打开校园网的"教务管理系统"网页。

2．单击 IE 浏览器"收藏夹"菜单，选择"添加到收藏夹"命令，打开"添加收藏"对话框，在"名称"框中输入"教务管理系统"，单击"添加"按钮，完成收藏添加，关闭 IE 浏览器窗口。

3．重新启动 IE 浏览器，单击"收藏夹"菜单，在下拉列表中单击"教务管理系统"，访问该网页。

〖任务 4〗保存网页信息。

将学校校园网首页左上角的第一张图片保存到当前文件夹中，名称为"图片 1"，打开学校校园网的招生网，访问有关本年度招生章程的网页，将网页上的"招生章程"文本复制到 Word 文件中，并保存到当前文件夹中，文件名为"招生章程.doc"。

操作步骤

1．在 IE 浏览器中打开学校校园网首页。

2．右击网页左上角的第一张图片，在右击菜单中选择"图片另存为"命令，将图片保存到指定的文件夹中。

3．打开学校校园网的招生网，在"招生政策"项中打开本年度招生章程网页，拖移鼠标选定相关的文本，按"编辑"菜单的"复制"或鼠标右键菜单的"复制"命令，然后打开 Word 空白文档，将网页上的文本"粘贴"到 Word 文档中，并以"招生章程.doc"为名保存文档。

【自主实验】

〖任务 1〗将学校校园网首页设置为 IE 浏览器的默认首页，并同时将此网页设置为脱机浏览。

操作提示： 设置网页脱机浏览的方法：在 IE 浏览器中打开网页以后，单击"文件"菜单，选择"脱机工作"命令。

〖任务 2〗清除 IE 浏览器中的历史记录，删除 IE 临时文件夹的所有内容，清除 IE 中保存的密码。

操作提示： 右击桌面的 Internet Explorer 图标选择"属性"，打开"Internet 属性"设置对话框。在"常规"标签中单击"浏览历史记录"的"删除"按钮，打开"删除浏览的历史记录"对话框，然后在其中选择需要删除的项目进行删除。

实验 3-2　信息检索与信息管理

【实验目的】

1．使用网络搜索引擎搜索信息。

2．掌握数字图书馆信息检索的基本操作。

3．掌握资料备份与管理的方法。

【主要知识点】

1．利用百度搜索引擎搜索信息。

搜索引擎是指根据一定的策略、运用特定的计算机程序从互联网上搜集信息，在对信息进行组织和处理后，为用户提供检索服务，将用户检索相关的信息展示给用户的系统。目前国内常用的搜索引擎有：百度、Google、搜狗、360 搜索、有道等。本节以百度搜索为例介绍搜索引擎的使用。

百度搜索是全球最大的中文搜索引擎，搜索内容分为新闻、网页、贴吧、音乐、图片、视频、地图、文库等。百度网站的域名为 www.baidu.com，首页界面如图 3-3 所示。

图 3-3　百度首页

（1）搜索的关键词。

在百度搜索中，关键词可以是一个或多个。当你要查询的关键词较为冗长时，建议将它拆成几个关键词来搜索，词与词之间用空格隔开，多数情况下，输入两个关键词搜索，就已经有很好的搜索结果。百度还对搜索的关键词提供拼音和错别字提示，例如：输入"公园 chongqing"，百度会提示你："您要找的是不是：公园重庆"。

（2）专业文档搜索。

百度支持对 Office 文档、Adobe PDF 文档、RTF 文档进行全文搜索。因此，除了搜索网页信息以外，百度也可以直接搜索 Word、Excel、PowerPoint、PDF 等格式的文件。搜索的方法是：在普通的查询后面加上"filetype：文档类型扩展名"，就可以限定文件类型查询。"filetype："后面可以跟以下文件格式：DOC、XLS、PPT、PDF、RTF、ALL。其中，ALL 表示搜索所有这些文件类型。例如"2013 年上市公司财务报表 filetype：pdf"。也可使用"百度文库"进行专业文档搜索，方法是在"百度首页"中选择"文库"，打开百度文库以后，输入需要查询的内容，同时在输入框下方选择文档类型。

2．数字图书馆信息检索

数字图书馆是利用现代先进的数字化技术，将图书馆馆藏文献数字化，通过国际互联网上网服务，使用户可以随时随地查询资料、获取信息。通俗来讲，数字图书馆是因特网上的图书馆，是没有围墙的图书馆。目前，国内各高校都建有自己的数字图书馆，为高校师生的教学科研提供了文献检索的帮助。本节以"中国期刊网 CNKI"为例介绍数字图书馆信息检索方法。

中国知网是集期刊、博硕士论文、会议论文、报纸、工具书、年鉴、专利、标准、国学、海外文献资源为一体的、具有国际领先水平的网络文献平台。网站域名为 www.cnki.net，文献阅读器为 CAJ/PDF。首页界面如图 3-4 所示。

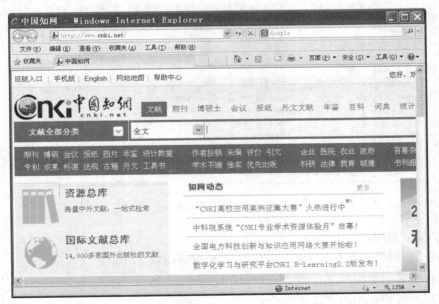

图 3-4　CNKI 首页

CNKI 的检索步骤：选择数据库确定检索范围→选择检索方式→扩检或缩检→获得检索结果。

（1）选择数据库确定检索范围。

CNKI 资源总库包含 35 个子库，文献总量 7000 万篇。检索文献之前可以根据要求指定检索的范围，进行单一数据库检索或是多数据库跨库检索。例如选择"期刊"数据库，在期刊范围内检索文献。

（2）选择检索方式。

选择检索方式就是指根据学科领域、文献主题（篇名、关键词、摘要等）、年限、期刊来源、支持基金、作者等条件设置检索的策略。界面如图 3-5 所示。

例如：检索"儒家思想在现代企业管理中的应用"，具体步骤如下：

◆ 从需要检索的信息中提取相关的检索词：儒家思想、现代企业管理；

◆ 在主题框中输入重点检索词"现代企业管理"，在并含框中输入"儒家思想"，单击"+"或"-"按钮，还可以同时设置篇名、关键词、摘要、全文等的检索词；

◆ 选择文献发表的年限（可省略）；

◆ 选择期刊来源、类别、支持基金（可省略）；

◆ 输入作者姓名、作者单位，单击+或-按钮，可以同时输入其他作者姓名、单位（可省略）。

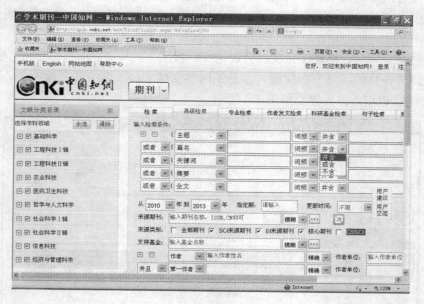

图 3-5　学术期刊网页

（3）扩检或缩检。

在文献检索时，如果想扩大检索的范围，可以采用以下几种方法实现：

◆ 选择更多的数据库进行检索；

◆ 使用高级检索中的"或者"；

◆ 检索路径选择"摘要"或者"全文"；

◆ 使用"模糊"检索功能。

如果想缩小检索的范围，则使用以下几种方法：

◆ 减少数据库的选择和缩短检索的时限范围；

◆ 使用高级检索中"并且"、"不包括"和"词频"功能；

◆ 在第一次检索的结果中进行第二次检索。

总之，选择的限制条件越多，查找出来的文献就越少、越精确；反之，文献量越大，精准性越差。

（4）获得检索结果。

CNKI 对文献的检索结果提供了下载（CAJ 格式/PDF 格式）、导出参考文献、生成检索报告、相关信息分析等功能。

3．数据备份与管理。

数据备份的目的是将重要的数据存储到多个地方，一旦系统出现问题或其中某一个地方的数据遭到破坏，还可以通过其他地方的数据进行恢复，以避免造成严重的损失。重要文件不要存放在系统盘中，尤其不要放在桌面上，因为系统一旦崩溃，系统盘的数据会丢失。数据备份的常用方法有：使用 U 盘或移动硬盘备份数据，或者将数据备份到电子邮箱或网络空间中。另外，对于一些重要文件，还可以通过数据加密来实现安全性管理。

【实验任务及步骤】

在 D 盘根目录下建立"SHIYAN3-2"一级子目录，在"SHIYAN3-2"目录下面再分别建立"百度搜索"、"CNKI 搜索"二级子目录，作为本次实验的工作目录。

〖任务 1〗百度搜索引擎的使用。

利用百度搜索引擎搜索"上市公司年报"的 Word 文档、Excel 文档以及 Adobe PDF 文档，并将相应的文档保存到"百度搜索"文件夹中。

操作步骤

1．启动 IE 浏览器，在地址栏中输入网址 www.baidu.com，访问百度首页。

2．在百度首页中输入"上市公司年报 filetype：doc"；或者在百度首页中选择"文库"，打开百度文库以后输入"上市公司年报"同时选择".DOC"选项。

3．在查询结果中下载一篇相关的 Word 文档，保存到"百度搜索"文件夹中。

4．按照上述方法再分别搜索 Excel 文档（.xls）以及 Adobe PDF 文档（.pdf）。

〖任务 2〗中国期刊网 CNKI 的简单应用。

通过数字图书馆的中国期刊网 CNKI（本地镜像）下载 1 篇有关"上市公司财务报表分析"的论文资料，并保存到"CNKI 搜索"文件夹中。

操作步骤

1．启动 IE 浏览器，进入学校校园网首页，打开数字图书馆，选择"中国期刊网 CNKI"。

2．在"中国知网 CNKI"首页检索栏下方选择"期刊"，进入期刊数据库中进行检索。

3．打开"期刊"首页，在"检索"标签的"主题"栏中输入"上市公司财务报表分析"，单击"检索"按钮。

4．在查询结果中下载 1 篇相关的文档，保存到"CNKI 搜索"文件夹中。

5．CNKI 文献的文件格式为 CAJ/PDF，因此为了保证正确地阅读 CNKI 文献，系统中必须安装 CAJViewer 和 Adobe Reader 软件，这些阅读器软件可以在 CNKI 的"下载中心"里下载。

〖任务 3〗中国期刊网 CNKI 的高级应用。

在数字图书馆的中国期刊网 CNKI（本地镜像）中检索 1 篇有关"儒家思想在现代企业管理中的应用"的论文资料，要求检索的文献是近 3 年在核心期刊或 CSSCI 中发表的论文。将检索的文献保存到"CNKI 搜索"文件夹中。

操作步骤

1．启动 IE 浏览器，进入学校校园网首页，打开数字图书馆，选择"中国期刊网 CNKI"。

2．在"中国知网 CNKI"首页检索栏下方选择"期刊"，进入期刊数据库中进行检索。

3．打开"期刊"首页，选择"高级检索"标签，在"主题"栏中输入"现代企业管理"，同时在"主题"栏的"并含"栏中输入"儒家思想"。

4．在某年到某年中定义最近 3 年，在期刊来源类别中选择"核心期刊"、"CSSCI"。

5．设置完检索条件以后单击"检索"按钮，在查询结果中将相关文档保存到"CNKI 搜索"文件夹中。

〖任务 4〗下载文档的资料管理。

利用 Word 文档进行资料管理。在"SHIYAN3-2"一级子目录中，新建一个 Word 文档，文件名为"资料大纲.doc"，文件内容如下所示，并为这些标题与源文件建立链接。最后将"SHIYAN3-2"文件夹加密压缩以后上传到网络教学平台中。

资料大纲

1．上市公司年报的 Word 文档
2．上市公司年报的 Excel 文档
3．上市公司年报的 Adobe PDF 文档
4．上市公司财务报表分析论文
5．儒家思想在现代企业管理中的应用论文

操作步骤

1．新建 Word 文档，输入文档内容。

2．选定标题 1 所有内容，单击"插入"菜单，选择"超链接"命令，在超链接对话框中，"链接到"选择"原有文件或网页"，"查找范围"选择源文件所在的文件夹，找到源文件并选定，最后单击"确定"按钮。

3．按上述方法，分别建立第 2～5 标题的超链接。完成以后以"资料大纲.doc"为文件名将文档保存到"SHIYAN3-2"文件夹中。

4．鼠标右击"SHIYAN3-2"文件夹，在快捷菜单中选择"添加到压缩文件"，在"压缩文件名和参数"对话框中选择"高级"标签，设置密码，完成以后单击"确定"退出。

5．最后将压缩文件"SHIYAN3-2.rar"上传到网络教学平台。

【自主实验】

〖任务 1〗在 D 盘根目录建立一个名为"我的资料"的文件夹，在"我的资料"文件夹中分别建立"word"、"excel"、"ppt"以及"pdf"4 个文件夹。

〖任务 2〗利用百度搜索引擎搜索与学生本人所学专业相关的 Word 文档、Excel 文档以

及 PowerPoint 文档，下载后分别存于文件夹"word"、"excel"和"ppt"文件夹中。

〖任务 3〗通过数字图书馆的中国期刊网 CNKI（本地镜像），下载 2 篇与本人专业相关的 PDF 文档，存于"pdf"文件夹中。

〖任务 4〗在"我的资料"文件夹中新建一个 Word 文档，文件名为"资料大纲.doc"。选择一个 Word，Excel 或 PowerPoint 文档进行加密，并对"我的资料"文件夹进行压缩加密。

操作提示：Microsoft Office 办公软件 Word、Excel、PowerPoint 文件加密的方法相同，步骤是"工具"→"选项"→"安全性"，设置打开文件密码。

实验 3-3　收发电子邮件

【实验目的】

掌握电子邮件的基本操作。

【主要知识点】

电子邮件（E-mail），是指通过网络的电子邮件系统书写、发送和接收信件，是互联网应用最广的服务。电子邮件的通信是在信箱之间进行的，因此，用户要想发送和接收邮件，就必须要申请电子邮箱。电子邮箱地址的形式为邮箱名@邮箱所在的主机域名。目前，互联网上的电子邮箱有很多，可以根据不同的需求有针对性地去选择，比如需要经常和国外的客户联系，建议使用国外的电子邮箱，如 Gmail、Hotmail、MSN mail、Yahoo mail 等；需要大容量的邮箱来存放图片、视频资料的，可以使用 Gmail、Yahoo mail、Hotmail、MSN mail、网易 163 mail、126 mail、Yeah mail 等。电子邮件的基本操作：首先申请免费电子邮箱，邮箱注册成功以后就可以使用邮箱收发电子邮件了。

【实验任务及步骤】

〖任务 1〗在学校校园网中申请免费邮箱。

操作步骤

1. 启动 IE 浏览器，在地址栏中输入网址 mail.ctbu.edu.cn，进入学校校园网邮箱的登录申请页面，如图 3-6 所示。

图 3-6　校园网邮箱的登录申请页面

2. 单击"认证注册"按钮，进入注册页面进行填写，认证通过后即可申请邮箱，如图 3-7 所示。

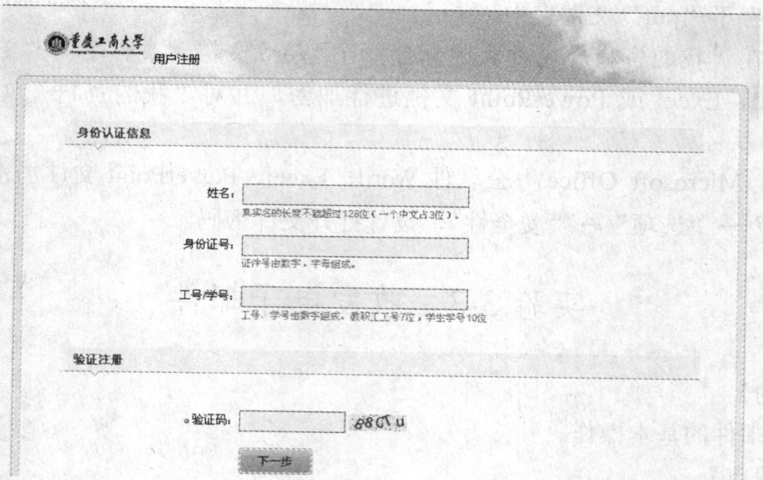

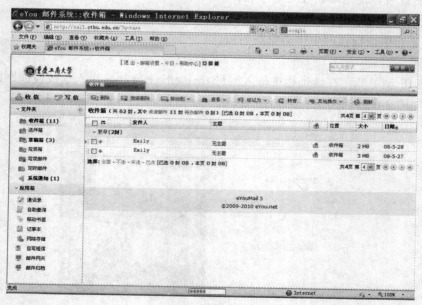

图 3-7 认证注册页面

〖任务 2〗使用浏览器收发电子邮件。

操作步骤

1. 启动 IE 浏览器，进入学校校园网邮箱页面，登录自己的邮箱。

2. 进入自己的邮箱以后就可以查看邮件信息。如图 3-8 所示，单击"收信"按钮，即可打开收件箱。在收件箱中列出了用户接受到的所有信件，如果用户要查阅信件，在主题列表中单击相关超链接，可打开信件内容。

图 3-8 邮箱页面

3．单击"写信"按钮，即可打开发件箱，在发件箱中用户可以撰写和发送信件。如图 3-9 所示。在"收件人"文本框中输入收件人的 E-mail 地址，在"主题"文本框中输入该信件的主题，在"主题"下方的文本框中输入信件内容，需要发送文件时，单击"上传附件"按钮，添加附件。设置完成后，单击"立即发送"按钮发送邮件。

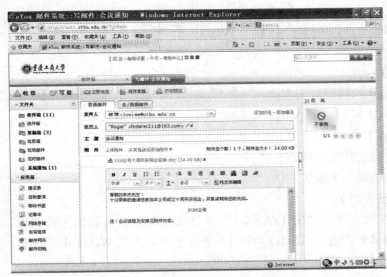

图 3-9　写邮件

【自主实验】

〖任务 1〗在学校校园网邮件服务系统中注册自己的电子邮箱。

〖任务 2〗将实验 3-2 中的"SHIYAN3-2.rar"文件保存到自己的邮箱内。

操作提示：将文件保存到自己的邮箱中的方法有两种：

方法一：自己给自己发邮件，即"发件人"和"收件人"都是同一个邮箱，写好信件以后发送；

方法二：使用"应用箱"中的"网络存储"功能，将文件上传存储到邮箱中。

第4章 文字处理实验

实验 4-1 Word 基本编辑操作

【实验目的】

1. 掌握 Word 的启动退出方法。
2. 掌握 Word 基本编辑操作。

【主要知识点】

1. Word 文档的建立、保存、打开。
2. Word 文档的基本编辑方法。

【主要任务及步骤】

在 D 盘根目录下建立"SHIYAN4-1"子目录作为本次实验的工作目录，启动 Word，新建文档 WD11.doc 保存于"SHIYAN4-1"子目录下，并在 WD11.doc 中录入文字如图 4-1 所示。

迎接大数据时代

最早提出"大数据"时代到来的是全球知名咨询公司麦肯锡，麦肯锡称："数据，已经渗透到当今每一个行业和业务职能领域，成为重要的生产因素。人们对于海量数据的挖掘和运用，预示着新一波生产率增长和消费者盈余浪潮的到来。"

简介

进入 2012 年，大数据一词越来越多地被提及，人们用它来描述和定义信息爆炸时代产生的海量数据，并命名与之相关的技术发展与创新。它已经上过《纽约时报》与《华尔街日报》的专栏封面，进入美国白宫官网的新闻，现身在国内一些互联网主题的讲座沙龙中。数据正在迅速膨胀并变大，它决定着企业的未来发展，虽然现在企业可能并没有意识到数据爆炸性增长带来问题的隐患，但是随着时间的推移，人们将越来越多的意识到数据对企业的重要性。

大数据的形成

随着云时代的来临，大数据也吸引了越来越多的关注。大数据通常用来形容一个公司创造的大量非结构化和半结构化数据，这些数据在下载到关系型数据库用于分析时会花费过多时间和金钱。大数据分析常和云计算联系到一起，因为实时的大型数据集分析需要像 Map Reduce 一样的框架来向数十、数百或甚至数千的电脑分配工作。"大数据"在互联网行业指的是这样一种现象：互联网公司在日常运营中生成、累积的用户网络行为数据。这些数据的规模是如此庞大，以至于不能用 G 或 T 来衡量。

大数据的四个特征

数据量大（Volume）：大数据的计量单位已经从 TB（1024GB=1TB）级别跃升到 PB（1024TB=1PB）、EB（1024PB=1EB）乃至 ZB（1024EB=1ZB）级别。

类型繁多（Variety）：包括网络日志、音频、视频、图片、地理位置信息，等等，多类型的数据对数据的处理能力提出了更高的要求。

价值密度低（Value）：信息感知无处不在，信息海量，但价值密度较低，如何通过强大的机器算法更迅速地完成数据的价值"提纯"，是大数据时代亟待解决的难题。

速度快时效高（Velocity）：这是大数据区分于传统数据挖掘最显著的特征。

综上所述，大数据时代对人类的数据驾驭能力提出了新的挑战，也为人们获得更为深刻、全面的洞察能力提供了前所未有的空间与潜力。

图 4-1　WD11.doc 样张

操作步骤

1. 选择"开始"→"程序"→"Microsoft Office"→"Microsoft Office Word 2003"即可启动 Word 2003，系统自动产生"文档 1.doc"，如图 4-2 所示，进入文档编辑状态。

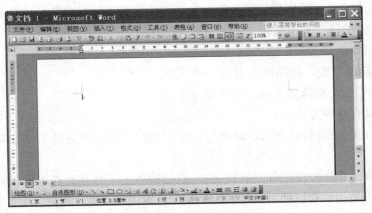

图 4-2 Word 文档编辑窗口

2. 单击"常用"工具栏上的"保存"按钮 ，在弹出的"另存为"对话框中选择文档存储的位置及文件名，如图 4-3 所示，单击"保存"按钮保存文件，回到编辑状态下。

3. 将插入点，即竖线光标，定位到编辑区的左上角，开始录入文字，每一个自然段结束时按一次"Enter"键，即回车键可以换行。"Enter"键标志着该自然段结束，并在段落结束处产生段落标记，同时将插入点定位在下一段的段首。

4. 文字录入过程中，每隔一段时间单击"保存"按钮。

5. 输入结束，单击"保存"按钮并关闭文档窗口。

6. 如需进一步处理该文档，则找到该文件双击打开，或打开 Word 程序，单击常用工具栏上的"打开"按钮，弹出如图 4-4 所示的"打开"对话框，在该对话框中选择需要的文档，打开文档继续编辑。

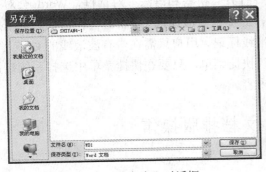

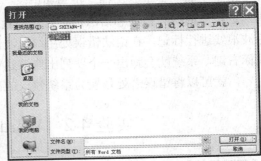

图 4-3 "另存为"对话框　　　　图 4-4 "打开"对话框

方法与技巧

1. 文本选定操作。

在对文本进行操作之前通常都要"先选定，后操作"，以下介绍常用的选定方法：①拖动鼠标选定文本；②按住 Shift 键选定连续文本；③按住 Ctrl 键选定不连续文本；④将鼠标移至文档选定区（编辑区的最左边），当光标变成向右的空心箭头时，单击鼠标选定一行文本；双击鼠标选定一段文本；快速三击鼠标可选定整篇文档。

2．文本的复制/移动操作。

先选定文本，再选择"复制"→"剪切"命令或按钮，然后将光标定位到目标位置，选择"粘贴"命令或按钮，实现选定文本的复制/移动操作。

3．文本的删除。

（1）"Backspace"键，删除插入点前一个字符。

（2）"Delete"键，删除插入点后一个字符。

4．文档编辑有两种方式。

（1）插入方式：系统默认方式，这种方式下，用户在插入点处输入的字符不会覆盖插入点后面的字符。

（2）改写方式：这种方式下，用户在插入点处输入的字符将会覆盖插入点后面的字符。

插入方式与改写方式可以通过键盘上的"Insert"键进行切换，也可以通过双击编辑区下方状态栏上的"改写"按钮进行切换。默认方式下"改写"按钮呈灰色显示，表示此时为插入方式。

5．特殊符号的输入方式。

（1）单击"插入"菜单→选择"符号"对话框→选择"符号"标签或"特殊字符"标签。

（2）单击"插入"菜单→选择"特殊符号"对话框→选择所需要的标签。

（3）右键单击输入法指示器上的软键盘开关，弹出软键盘菜单，打开其中所需软键盘进行输入，输入完毕后单击软键盘开关关闭。

6．撤销与恢复操作。

单击常用工具栏中的"撤销"按钮，可以撤销上一次操作；单击撤销按钮右边的下拉箭头，将显示最近执行过的可以撤销的操作列表。单击常用工具栏中的"恢复"按钮，可以恢复撤销过的操作；单击恢复按钮右边的下拉箭头，将显示可以恢复的操作列表。

7．拼写与语法检查。

单击"工具"菜单→选择"拼写和语法"→打开"拼写和语法"对话框，Word 会对文本录入过程中的拼写错误和语法错误进行检查，并提供修改建议。Word 会在错误单词下用红色波浪线进行标记，在语法错误处用绿色波浪线标记。用户只需在带有波浪线的文字上单击鼠标右键，系统就会弹出一个罗列出修改建议快捷菜单，只要在快捷菜单中选择系统建议的内容，就可以将错误之处替换为系统建议的内容。

实验 4-2　Word 文档排版操作

【实验目的】

掌握 Word 文档排版的方法和技巧。

【主要知识点】

1．字体格式、段落格式、页面格式的设置。

2．查找与替换操作。

3．分栏设置与首字下沉。

4．文本框的使用。

5．项目符号的使用。

6．页眉与页脚的设置。

【主要任务及步骤】

在 D 盘根目录下建立“SHIYAN4-2”子目录作为本次实验的工作目录。将 WD11.doc 另存为 WD12.doc。对 WD12.doc 进行排版操作，WD12.doc 样张如图 4-5 所示。

迎接大数据时代

yíng jiē dà shù jù shí dài

迎接大数据时代

最早提出“大数据（Big Data）”时代到来的是全球知名咨询公司麦肯锡，麦肯锡称：“数据，已经渗透到当今每一个行业和业务职能领域，成为重要的生产因素。人们对于海量数据的挖掘和运用，预示着新一波生产率增长和消费者盈余浪潮的到来。”

一、　简介

进入 **2012** 年，大数据（Big Data）一词越来越多地被提及，人们用它来描述和定义信息爆炸时代产生的海量数据，并命名与之相关的技术发展与创新。它已经上过《纽约时报》《华尔街日报》的专栏封面，进入美国白宫官网的新闻，现身在国内一些互联网主题的讲座沙龙中。数据正在迅速膨胀并变大，它决定着企业的未来发展，虽然现在企业可能并没有意识到数据爆炸性增长带来问题的隐患，但是随着时间的推移，人们将越来越多的意识到数据对企业的重要性。

二、　大数据（Big Data）的形成

随着云时代的来临，大数据（Big Data）也吸引了越来越多的关注。大数据（Big Data）通常用来形容一个公司创造的大量非结构化和半结构化数据，这些数据在下载到关系型数据库用于分析时会花费过多时间和金钱。大数据（Big Data）分析常和云计算联系到一起，因为实时的大型数据集分析需要像 Map Reduce 一样的框架来向数十、数百或甚至数千的电脑分配工作。“大数据（Big Data）”在互联网行业指的是这样一种现象：互联网公司在日常运营中生成、累积的用户网络行为数据。这些数据的规模是如此庞大，以至于不能用 G 或 T 来衡量。

三、　大数据（Big Data）的四个特征

- 数据量大（Volume）：大数据（Big Data）的计量单位已经从 TB（**1024**GB=**1**TB）级别跃升到 PB（**1024**TB=**1**PB）、EB（**1024**PB=**1**EB）乃至 ZB（**1024**EB=**1**ZB）级别。
- 类型繁多（Variety）：包括网络日志、音频、视频、图片、地理位置信息，等等，多类型的数据对数据的处理能力提出了更高的要求。
- 价值密度低（Value）：信息感知无处不在，信息海量，但价值密度较低，如何通过强大的机器算法更迅速地完成数据的价值“提纯”，是大数据（Big Data）时代亟待解决的难题。
- 速度快时效高（Velocity）：这是大数据（Big Data）区分于传统数据挖掘最显著的特征。

综上所述，大数据时代对人类的数据驾驭能力提出了新的挑战，也为人们获得更为深刻、全面的洞察能力提供了前所未有的空间与潜力。

第 1 页 共 1 页

图 4-5　WD12.doc 样张

〖任务 1〗设置字体及段落格式。

字体格式：文章一级标题设置为标题 1 宋体四号字、加粗、居中、标注拼音注音；小标题设置为标题 3 宋体小四号字、加粗；中文正文宋体五号字，英文字体 Times New Roman，五号；使用中文标点。

段落格式：首行缩进 2 个字符；单倍行距；段前段后 0 行；正文文本两端对齐。

操作步骤

1．选定全文→单击"格式"菜单→选择"字体…"命令→打开"字体"对话框，如图 4-6 所示。设置中文字符格式，宋体五号字；英文字符格式，Times New Roman，五号；字符颜色选"黑色"；单击"确定"按钮完成设置。

2．单击"格式"菜单→选择"段落…"命令→打开"段落"对话框，如图 4-7 所示。设置文档段落格式，首行缩进 2 个字符；单倍行距；段前段后 0 行；正文文本两端对齐；单击"确定"按钮完成设置。

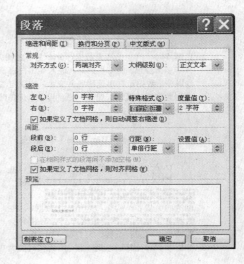

图 4-6　"字体"对话框　　　　　　　　　图 4-7　"段落"对话框

3．将插入点定位到文档第一行上，单击"格式"工具栏上的样式下拉按钮，在样式列表框中选择"标题 1"样式，设置为宋体，四号，加粗，居中。如图 4-8 所示。

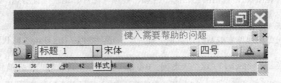

图 4-8　标题 1 样式

4．选定标题"大数据时代"→单击"格式"菜单→选择"中文版式"级联菜单→选择"拼音指南…"命令→打开"拼音指南"对话框，如图 4-9 所示。设置标题拼音注音后单击"确定"按钮。

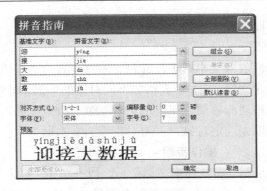

图 4-9　"拼音指南"对话框

5．将插入点定位文档中的"简介"上，单击"格式"工具栏上的样式下拉按钮，在样式列表框中选择"标题 3"样式，设置为宋体，小四号，加粗，两端对齐；单击"格式"菜单，选择"项目符号和编号…"命令，打开"项目符号和编号"对话框→选择"编号"选项卡→选择其中的编号样式，如图 4-10 所示，给标题加上编号为"一、简介"。

6．用步骤 3 中的方法设置其余两个小标题的格式如样张所示。

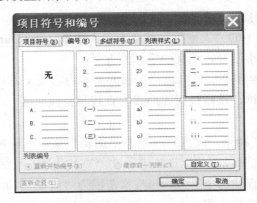

图 4-10　"项目符号和编号"对话框"编号"选项卡

方法与技巧

格式刷的使用——在格式工具栏上我们会看到一个刷子样的按钮 🖌，这是"格式刷"。格式刷能够将选定对象的字符格式及段落格式复制下来（只复制格式不复制内容），并应用到另一对象上。具体操作方式。

1．单次复制：选定已设置格式的对象→单击"格式刷"按钮→将鼠标移到编辑区→鼠标指针变成刷子形状→将鼠标移至要复制格式的对象上→拖动格式刷光标刷过需要复制格式的对象→松开鼠标，格式复制完成，刷子形状自动消失，退出格式复制状态。

2．多次复制：选定已设置格式的对象→双击"格式刷"按钮→将鼠标移到编辑区→鼠标指针变成刷子形状→多次将鼠标移至要复制格式的对象上→拖动格式刷光标刷过需要复制格式的对象，进行格式复制→完成所有格式复制后再次单击"格式刷"按钮，刷子形状自动消失，退出格式复制状态。

说明：仅需复制段落格式时，将鼠标移至该段落中，单击或双击"格式刷"按钮，再用鼠标单击需要复制格式的段落。

〖任务 2〗文本框的使用。

要求：将文本最后一段放入文本框中，并将文本框设置为"三维样式 8"。

文本框是一个可以包含文字、图片、表格等不同对象的容器，可置于文档中的任意位置，其中的对象会随文本框的移动而移动。在使用文本框时一般是先插入文本框再添加对象，但对于文字、图片对象也可以先选定对象，再为对象添加文本框。

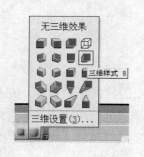

图 4-11　"三维效果样式"

操作步骤

1．选定文档最后一段→单击"插入"菜单→单击"文本框"命令→在级联菜单中选择"横排"，该段文字立即被置于文本框之中→移动文本框到样张指定位置。

2．右键单击文本框→在快捷菜单中选择"设置文本框格式…"→打开"设置文本框格式"对话框，按要求设置文本框格式。

3．选定文本框→在"绘图"工具栏上点击"三维效果样式"按钮→选择"三维样式 8"，如图 4-11 所示。

〖任务 3〗查找和替换操作。

要求：将 WD11 正文中的"大数据"替换为"**大数据（Big Data）**"宋体、加粗、红色、波浪线，小标题中字体为小四号，正文中字体为五号。

Word 的查找和替换操作不仅可以进行一般的文本内容及文本格式的查找和替换，还可以进行特殊格式、特殊字符、模糊查找等形式的查找和替换。

操作步骤

1．将插入点定位到文档第一段段首→单击"编辑"菜单→选择"查找…"命令→打开"查找与替换"对话框→选择"查找"选项卡→在"查找内容"文本框中输入"大数据"→单击"高级"按钮，展开查找选项卡→选择搜索范围为"向下"。如图 4-12 所示。

2．选择"替换"选项卡→将光标定位到"替换内容"文本框中输入"大数据（Big Data）"→单击"格式"下拉按钮→选择"字体…"→打开"替换字体"格式设置对话框，按任务要求设置字体格式→选择搜索范围为"向下"。如图 4-13 所示。

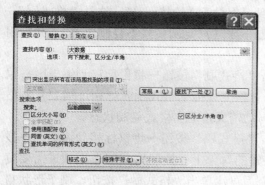

图 4-12　"查找和替换"对话框"查找"选项卡

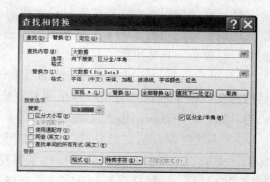

图 4-13　"查找和替换"对话框"替换"选项卡

3．单击"全部替换"按钮，进行文字及格式的替换。当系统弹出如图 4-14 所示消息框时，为了避免文档大标题中的内容被替换，单击"否"。这样除了大标题和文本框中的内容，其余部分满足条件的文字均被替换。

图 4-14　查找和替换结果消息框

〖任务 4〗设置分栏及首字下沉。

要求：对"二、大数据（Big Data）的形成"的内容进行分栏设置，分两栏，栏宽相等，带分隔线，并设置首字下沉 2 行。

操作步骤

1．选定要进行分栏的段落→单击"格式"菜单→选择"分栏…"命令→打开"分栏"对话框，设置分两栏，栏宽相等，带分隔线，如图 4-15 所示，单击"确定"完成设置。

2．将插入点定位到需要设置首字下沉的段落→单击"格式"菜单→选择"首字下沉…"命令→打开"首字下沉"对话框，设置首字下沉位置、字体、下沉行数、距正文距离，如图 4-16 所示，单击"确定"完成设置。

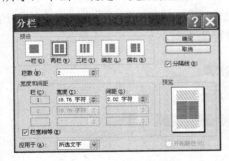

图 4-15　"分栏"对话框

图 4-16　"首字下沉"对话框

方法与技巧

1．设置分栏时应注意的问题。

（1）分栏操作应在"页面视图"下进行，"普通视图"下看不到分栏的效果。

（2）当需要分栏的部分是文档最后一段时，需要在其段末输入"Enter"键，增加一个空段落后再进行分栏操作。

2．首字下沉和分栏同时设置的问题。

当某一段落需要同时进行首字下沉和分栏操作时，一般先进行分栏操作，后进行首字下沉的设置。如果先做了首字下沉，则分栏时选定的部分不能包含下沉的首字，否则分栏不可操作。

〖任务 5〗项目符号的使用。

要求：为"三、大数据（Big Data）的四个特征"的内容设置样张所示的项目符号。

操作提示： 选定要设置项目符号的段落→单击"格式"菜单→选择"项目符号和编号…"命令→打开"项目符号和编号"对话框→选择"项目符号"选项卡→单击"自定义"按钮→

单击"字符…"按钮→打开"符号"对话框，选择相应的项目符号，如图 4-17 所示，单击"确定"完成设置。

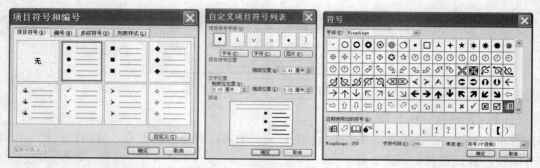

图 4-17　设置项目符号和编号

〖任务 6〗设置页眉和页脚。

要求：为文本添加如样张所示的页眉和页脚，页眉为楷体五号字居中，页脚在右下角。

操作提示：单击"视图"菜单→选择"页眉和页脚"命令→打开"页眉和页脚"工具栏，进入页眉页脚编辑区，如图 4-18 所示，在页眉编辑区内输入"迎接大数据时代"，并设置为楷体五号字居中→在"页眉和页脚"工具栏上单击"在页眉和页脚间切换"按钮，进入页脚编辑区→单击在"页眉和页脚"工具栏上的"插入'自动图文集'"右边的下拉按钮，如图 4-19 所示，选择"第 X 页 共 Y 页"，并设置为右对齐。

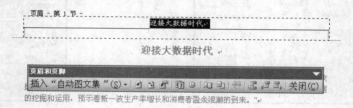

图 4-18　设置页眉

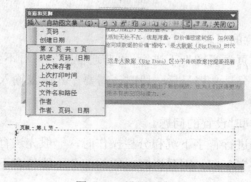

图 4-19　设置页脚

〖任务 7〗文档的页面设置。

要求：纸张为 A4，上下页边距为 2.54 厘米，左右页边距为 3.17 厘米，装订线位置在左。

操作提示：单击"文件"菜单→选择"页面设置…"命令→打开"页面设置"对话框，如图 4-20 所示，按任务要求进行页面设置。

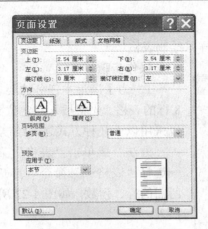

图 4-20 "页面设置"对话框

实验 4-3 Word 表格使用

【实验目的】

1．掌握 Word 中表格的基本操作。

2．掌握 Word 表格中数据的处理。

【主要知识点】

1．表格的制作。

2．表格的编辑。

3．表格的格式化。

4．表格中数据计算。

5．表格中数据的排序。

【主要任务及步骤】

　　在 D 盘根目录下建立 "SHIYAN4-3" 子目录作为本次实验的工作目录。启动 Word，新建文档 WD21.doc 保存于 "SHIYAN4-3" 子目录下。在 WD21.doc 中建立如图 4-21 样张所示表格。

学生成绩表					
					制表时间：2014-1-20
课程名 姓名	高等数学	大学英语	大学计算机基础	总分	平均分
刘金山	98	57	90		
吴晓梅	68	83	85		
王　莉	50	90	74		
段　练	89	89	48		
周大盛	98	77	78		

图 4-21 WD21.doc 中的表格样张

〖任务1〗绘制表格。

要求：按照图4-21所示样张绘制表格。

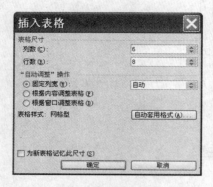

图4-22 "插入表格"对话框

操作步骤

1. 为了满足本任务的要求，我们需要插入一个6列，8行的表格。先将插入点定位到要插入表格的位置，然后可以采用以下几种方式之一绘制表格。

方法一：单击"表格"菜单→选择"插入"级联菜单→选择"表格…"命令→打开"插入表格"对话框→输入所需的行、列数，如图4-22所示，单击"确定"，完成表格插入。

方法二：单击"常用"工具栏中"插入表格"按钮，按住鼠标左键根据需要拖曳出行、列数即可。

方法三：单击"常用"工具栏中"表格和边框"按钮，打开"表格和边框"工具栏，如图4-23所示。利用其中的"绘制表格"按钮，可以手动自由绘制表格；利用其中的"擦除"按钮，可以擦除不需要的线条。

2. 选定表格第一行的所有单元格，单击"合并单元格"命令，第一行的6个单元格合并为一个单元格。

3. 用相同的方法将第2行的所有单元格进行合并。

4. 适当调整第3行的行高，将插入点定位到第3行第1列，单击"表格和边框"工具栏中"外侧框线"右边的下拉按钮，选择其中的"斜下框线"按钮，给所选单元格加上斜线，如图4-24所示。

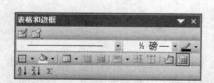

图4-23 "表格和边框"工具栏

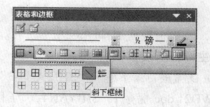

图4-24 边框线设置按钮

方法与技巧

1. 表格、行、列、单元格的快捷选定。

（1）单击表格左上方角的图标即可选定整个表格。

（2）将鼠标定位到某一列的上方，当鼠标指针变成向下箭头时，单击鼠标即可选定该列。

（3）将鼠标定位到某一单元格的左侧，当鼠标指针变成向右45°角的箭头时，单击鼠标即可选定该单元格。

2. 在表格中快速插入行。

表格中行、列、单元格的插入都可以通过选定插入位置后，单击"表格"菜单，选择"插入"级联菜单中的命令来完成。这里介绍一种在表格中快速插入行的方法：将插入点光标定位到需要插入新行的行尾（表格右外框线之后），单击"Enter"键，即可在该行之后插入一个新行。

3．斜线表头的制作。

在表格绘制过程中，如果需要为第一行、第一列的单元格绘制斜线表头，可以采用以下方法：

（1）选定该单元格，单击"表格和边框"工具栏中"外侧框线"右边的下拉按钮 ⊞ ，选择其中的"斜下框线"按钮，给所选单元格加上斜线。

（2）选定该单元格，单击"格式"菜单，选择"边框和底纹…"命令，打开"边框和底纹"对话框，单击"预览"区域的斜下框线按钮 ⊠ ，给所选单元格加上斜线。

（3）选定该单元格，单击"表格"菜单，选择"绘制斜线表头…"命令，打开"插入斜线表头"对话框，设置表头样式、字体大小、行列标题后，单击"确定"按钮，给所选单元格加上斜线表头。

〖任务 2〗在表格中输入文本。

要求：按照图 4-21 所示样张在表格中输入文本。

将插入点定位到单元格中即可输入文本。当输入的英文文本超过了单元格的列宽时，系统会自动调整该列的列宽以适应文本的长度；当输入的中文文本超过了单元格的列宽时，系统会让文本自动换行，列宽不变。

操作步骤

1．将插入点定位到第 1 行的单元格内，插入学校的校徽图片，并输入"学生成绩表"，设置为隶书二号字，加粗居中。

2．在第 2 行中输入制表日期，隶书五号字，加粗右对齐。

3．将插入点定位到第 3 行第 1 列具有斜线的单元格内，输入"课程名"后，单击"格式"工具栏中"右对齐"按钮 ▤ ，单击"Enter"换行，单击"格式"工具栏中"两端对齐"按钮 ▤ ，输入"姓名"。

4．按照样张的要求输入表格其他单元格的内容。

方法与技巧

文本与表格的转换——Word 可以实现将文档中排列整齐的文本转换为表格；也可以将表格转换为文本。具体操作如下。

1．文本转换成表格：选定要转换的文本→单击"表格"菜单→选择"转换"级联菜单中的"文本转换成表格…"命令→打开"将文字转换成表格"对话框进行设置→单击"确定"按钮完成转换。

2．表格转换成文本：选定要转换的表格→单击"表格"菜单→选择"转换"级联菜单中的"表格转换成文本…"命令→打开"表格转换成文本"对话框进行设置→单击"确定"按钮完成转换。

〖任务 3〗对表格进行格式化。

要求：按照图 4-21 所示样张对表格进行格式化。

操作步骤

1．表格文本字体格式化：选定表格中除第 1、2 行外的所有文本，设置为仿宋体五号字，加粗。

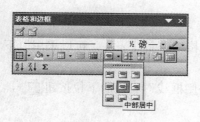

图 4-25　单元格内容对齐方式按钮

2．表格中内容的对齐方式：除第 3 行第 1 列外，3～8 行的所有单元格的内容均采用"中部居中"对齐方式。选定需要设置对齐方式的单元格，打开"表格和边框"工具栏，单击其中的"对齐"下拉按钮▦·，根据需要选择一种对齐方式，如图 4-25 所示。

3．为表格设置边框和底纹：表格外框线为 2.5 磅，样张所示双实线；第 3 行的上框线和下框线、第 1 列的 3～8 行单元格的右框线均为 1/2 磅双实线；其余内框线均为 1/2 磅单实线；为第 3 行指定的列标题加上灰色-15%的底纹。

在 Word 中可以为整个表格或其中的单元格设置表框和底纹。先选定表格或单元格，按以下几种方式之一即可完成设置。

方法一：打开"表格和边框"工具栏→选择"线型"、"粗细"、"边框颜色"→单击"外侧框线"右边的下拉按钮▦·，如图 4-24 所示，根据需要加边框的位置选择相应的框线按钮，为选定的表格或单元格设置边框；单击"底纹颜色"下拉按钮◇·为选定的表格或单元格设置底纹。

方法二：单击"格式"菜单→选择"边框和底纹…"命令→打开"边框和底纹"对话框，如图 4-26 所示，选择相应的操作完成设置。

方法三：单击"表格"菜单→选择"表格属性…"命令→打开"表格属性"对话框，如图 4-27 所示，选择"表格"选项卡→单击"边框和底纹…"按钮→打开"边框和底纹"对话框，如图 4-26 所示，选择相应的操作完成设置。

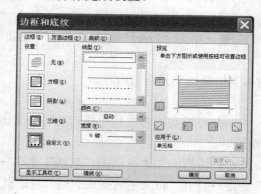

图 4-26　"边框和底纹"对话框

方法与技巧

1．表格的对齐方式。选定表格→单击"表格"菜单→选择"表格属性…"命令→打开"表格属性"对话框，如图 4-27 所示，选择"表格"选项卡→设置表格的对齐方式和文字环绕等。

表格的"对齐方式"是指表格与页面边距之间的位置关系，"文字环绕"是指表格与所在文档正文之间的位置关系。

2．表格的自动套用格式。将插入点定位到表格内→单击"表格"菜单→选择"表格自动套用格式…"命令→打开"表格自动套用格式"对话框,如图 4-28 所示,完成必要设置后单击"应用"按钮,完成表格的自动套用格式。

图 4-27 "表格属性"对话框

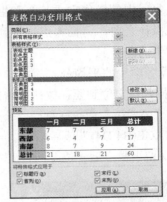

图 4-28 "表格自动套用格式"对话框

〖任务 4〗表格中数据的计算与排序。

要求:利用表格中提供的公式对数据进行计算;学会表格中数据的排序方法。

打开样张 WD21.doc,将其另存为 WD22.doc,保存于"SHIYAN4-2"子目录下。在 WD22.doc 的"学生成绩"表末尾添加一行用于存放"各门课程平均分",对表中的总分、平均分、各门课程平均分进行计算,生成如图 4-29 所示的样张。

学生成绩表

制表时间:2014-1-20

课程名 姓名	高等数学	大学英语	大学计算机基础	总分	平均分
刘金山	98	57	90	245	81.7
吴晓梅	68	83	85	236	78.7
王 莉	50	90	74	214	71.3
段 练	89	89	48	226	75.3
周大盛	98	77	78	253	84.3
各门课程平均分	80.6	79.2	75.0	234.8	78.3

图 4-29 WD22.doc 中的表格样张

操作步骤

1. 将插入点定位到表格最后一行行尾(表格右外框线之后),单击"Enter"键,即可在表格末尾插入一个新行。

2. 计算总分。

(1)将插入点定位到要存放计算结果的单元格中(刘金山的总分单元格)→单击"表格"菜单→选择"公式…"命令→打开"公式"对话框,如图 4-30 所示,在"公式"文本框中输入"=SUM(LEFT)"或者输入"=SUM(B4:D4)"→单击"确定"按钮,在单元格内生成计算结果。

(2)重复①中的操作完成其余学生总分的计算;也可以在第一个总分计算完成之后,没有进行其他操作之前,将插入点定位到下一个总分单元格,单击 F4 键或者按下 Ctrl+Y 键计算出其余学生的总分。

3．计算各学生的平均分。

(1)将插入点定位到要存放计算结果的单元格中(刘金山的平均分单元格)→单击"表格"菜单→选择"公式…"命令→打开"公式"对话框,如图 4-31 所示,在"公式"文本框中输入"=AVERAGE(B4:D4)"或者输入"=(B4+C4+D4)/3"→在"数字格式"下拉列表框中输入"0.0"表示保留小数点后一位并四舍五入→单击"确定"按钮,在单元格内生成计算结果。

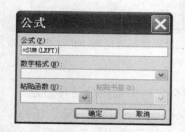

图 4-30 计算总分时的"公式"对话框

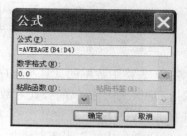

图 4-31 计算平均分时的"公式"对话框

(2)重复①中的操作完成其余学生平均分的计算,在公式中引用单元格名称时,要根据计算的对象不同改变其行列编号。注意:由于此处单元格引用方式的限制,不能用"单击 F4 键或者按下 Ctrl+Y 键"的方式计算出其余学生的平均分。

4．根据上述的计算方法完成对"各门课程平均分"的计算,并设置其中内容"中部居中"。

5．表格的排序。

Word 还提供了对表格中的数据进行排序操作的功能,下面简要介绍。

将插入点定位在表格中或选定需要排序的内容→单击"表格"菜单→选择"排序…"命令→打开"排序"对话框,如图 4-32 所示,设置相应的排序关键字、类型、升降序等,单击"确定"按钮完成排序。

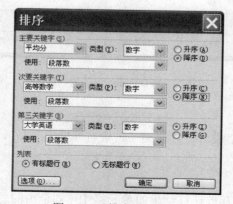

图 4-32 "排序"对话框

方法与技巧

1．单元格的命名。

Word 表格中的每一列号依次用字母 A、B、C、D……进行编号；每一行号依次用数字 1、2、3、4……进行编号，单元格的名称即是给单元格的列编号+行编号。例如：单元格 B4 表示第 2 列第 4 行的单元格。单元格的名称可以作为运算量在公式中参与运算。

2．多重排序。

当排序的关键字不止一个时，成为多重排序，也称多列排序。如图 4-32 所示，是三个关键字的排序，这种排序的结果是：先按照主要关键字"平均分"值的降序排序，如遇平均分值相同，则按照次要关键字"高等数学"值的降序排序，如果主要关键字和次要关键字的值都相同，则按照第三关键字"大学英语"值的升序排序。

【自主实验】

〖任务 1〗制作"学生情况登记表"，样张如图 4-33 所示，并填入自己的相关信息。

〖任务 2〗制作个性化信笺纸，样张如图 4-34 所示。页眉是重庆工商大学校徽及校名，页脚是学校的通讯地址，信笺含有具有学校大门的图片水印（水印制作方法预习实验 4-3）。

学生情况登记表

基本资料				
姓名		性别		（贴照片处）
年龄		民族		
政治面貌		籍贯		
现就读学校		专业		
联系方式				
手机号码		固定电话		
家庭住址				
电子邮箱		QQ 号码		
个人简介				
求学经历	起始时间	结束时间	就读学校	
特长及爱好				
获奖情况				
填表人： 填表日期：				

图 4-33 "学生情况登记表"样张

重庆工商大学

Chongqing Technology and Business University

地址:中国 重庆市 南岸区学府大道 19 号　　邮政编码:400067
校办电话:023-62769900　　传真:023-62769515
网址: www.ctbu.edu.cn

图 4-34　个性化信笺样张

实验 4-4　图 文 混 排

【实验目的】

1．认识和掌握 Word 的图形种类及使用。

2．掌握 Word 文档中图文混排操作。

【主要知识点】

1．自选图形的使用。

2．艺术字的使用。

3．公式编辑器的使用。

4．文本框的使用。

5．图片的使用。

6．剪贴画的使用。

7．水印的使用。

【主要任务及步骤】

在 D 盘根目录下建立"SHIYAN4-4"子目录作为本次实验的工作目录。启动 Word，打开文件夹"SHIYAN4-1"中的 WD11.doc 文档，将其另存于"SHIYAN4-4"文件夹中，命名为：WD3.doc，并将其内容进行删减成如图 4-35 所示内容，并对文档内容进行图文混排形成样张如图 4-36 所示。

进入 2012 年，大数据一词越来越多地被提及，人们用它来描述和定义信息爆炸时代产生的海量数据，并命名与之相关的技术发展与创新。它已经上过《纽约时报》《华尔街日报》的专栏封面，进入美国白宫官网的新闻，现身在国内一些互联网主题的讲座沙龙中。数据正在迅速膨胀并变大，它决定着企业的未来发展，虽然现在企业可能并没有意识到数据爆炸性增长带来问题的隐患，但是随着时间的推移，人们将越来越多的意识到数据对企业的重要性。

随着云时代的来临，大数据也吸引了越来越多的关注。大数据通常用来形容一个公司创造的大量非结构化和半结构化数据，这些数据在下载到关系型数据库用于分析时会花费过多时间和金钱。大数据分析常和云计算联系到一起，因为实时的大型数据集分析需要像 Map Reduce 一样的框架来向数十、数百或甚至数千的电脑分配工作。"大数据"在互联网行业指的是这样一种现象：互联网公司在日常运营中生成、累积的用户网络行为数据。这些数据的规模是如此庞大，以至于不能用 G 或 T 来衡量。

图 4-35　WD3.doc 文本内容

大数据时代

　　进入 2012 年，大数据一词越来越多地被提及，人们用它来描述和定义信息爆炸时代产生的海量数据，并命名与之相关的技术发展与创新。它已经上过《纽约时报》《华尔街日报》的专栏封面，进入美国白宫官网的新闻，现身在国内一些互联网主题的展，虽但是随讲座沙龙中。数据正在迅速膨胀并变大，它决定着企业的未来发然现在企业可能并没有意识到数据爆炸性增长带来问题的隐患，着时间的推移，人们将越来越多的意识到数据对企业的重要性。

　　随着云时代的来临，大数据也吸引了越来越多的关注。大数据通常用来形容一个公司创造的大量非结构化和半结构化数据，这些数据在下载到关系型数据库用于分析时会花费过多时间和金钱。大数据分析常和云计算联系到一起，因为实时的大型数据集分析需要像 Map Reduce 一样的框架来向数十、数百或甚至数千的电脑分配工作。"大数据"在互联网行业指的是这样一种现象：互联网公司在日常运营中生成、累积的用户网络行为数据。这些数据的规模是如此庞大，以至于不能用 G 或 T 来衡量。

请输入以下数学公式

$$F(x) = \sum_{i=1}^{10}\left(\sqrt[3]{x_i + x^2} + \frac{x_i{}^3}{2}\right) - \int_{2}^{6}(\sin^2 x)\mathrm{d}x$$

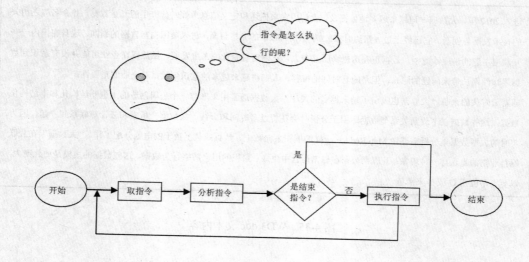

图 4-36　WD3.doc 样张

〖任务 1〗插入艺术字标题。

要求：按照图 4-36 所示样张要求，插入艺术字"大数据时代"作为标题。

操作步骤

1．将 WD3.doc 的文本字体设置为楷体五号字，段落设置为首行缩进 2 个字符。

2．将插入点定位到第一行行首，输入一个"Enter"键，产生一个空行，并将插入点定位到该空行。

3．单击"插入"菜单→选择"图片"→选择"艺术字"→在"艺术字库"对话框中选择艺术字样式→单击"确定"按钮，打开如图 4-37 所示"编辑'艺术字'文字"对话框。输入标题文字"**大数据（Big Data）**时代"，设置字体，字号等格式，单击"确定"按钮，插入艺术字。

4．设置艺术字格式：

（1）右单击艺术字，在弹出的快捷菜单中选择"设置艺术字格式"，打开"设置艺术字格式"对话框进行设置，如图 4-38 所示。

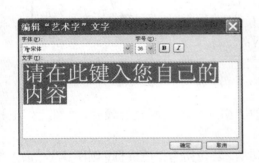

图 4-37　"编辑'艺术字'文字"对话框　　　图 4-38　"设置艺术字格式"对话框

（2）单击艺术字标题，通过显示出来的"艺术字"工具栏进行设置，"艺术字"工具栏如图 4-39 所示。

5．单击"艺术字"工具栏上的"艺术字形状"按钮，选择艺术字形状为"波形 2"。

6．如图 4-40 所示，在"绘图"工具栏上单击"阴影样式"，为艺术字选择"阴影样式 10"。

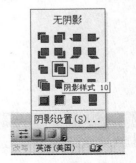

图 4-39　"艺术字"工具栏　　　　　　　　图 4-40　阴影样式设置

〖任务 2〗图片的使用。

要求：按照图 4-36 所示样张要求，在文档指定位置插入图片，并设置图片格式。

操作步骤

1．插入图片：将插入点定位到适当的位置，单击"插入"菜单→单击"图片"，弹出如图 4-41 所示级联菜单，根据需要选择相应选项进行插入。

2．设置图片格式：

（1）右单击已插入的图片，在弹出的快捷菜单中选择"设置图片格式"，打开"设置图片格式"对话框进行设置，如图 4-42 所示。

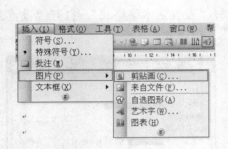

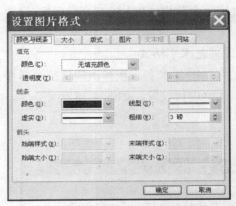

图 4-41　插入图片级联菜单　　　　图 4-42　"设置图片格式"对话框

（2）单击已插入的图片，通过显示出来的"图片"工具栏进行设置，"图片"工具栏如图 4-43 所示。

图片插入后的四周出现 8 个控制点，称为句柄。若句柄为黑色方框，则图片是"嵌入型"，此类图片不能设置环绕方式。

3．设置文字环绕：打开"图片"工具栏→单击"文字环绕"按钮→设置图片与文字之间的环绕方式，如图 4-44 所示，本任务选择"紧密型环绕"。当选择"嵌入型"以外的任意环绕方式后，图片句柄变为空心圆圈。此时可将图片移动到文本中的指定位置。

4．给图片加边框：右键单击图片，打开"设置图片格式"对话框→选择"颜色与线条"→选择线条颜色、虚实、线型、粗细等，如图 4-42 所示。

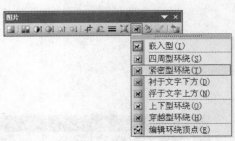

图 4-43　"图片"工具栏　　　　　　图 4-44　设置图片环绕方式

〖任务 3〗自选图形的使用。

要求：按照图 4-36 所示样张要求，插入自选图形，并设置自选图形格式。

操作步骤

1．绘制自选图形。

（1）单击"插入"菜单→选择"图片"→选择"自选图形"，弹出"自选图形"工具栏→单击其中的图形按钮→选择所需图形，如图 4-45 所示。

（2）单击"绘图"工具栏中的"自选图形"下拉按钮，选择自选图形，如图 4-46 所示。

当选定所需自选图形后，光标呈细"十"字型，将光标定位到需要插入图形处，拖动鼠标，即可插入所需图形。

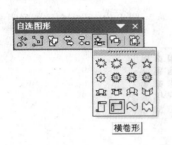

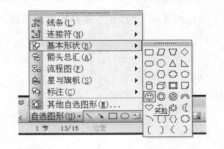

图 4-45　通过"插入"菜单选择自选图形　　　　图 4-46　通过"绘图"工具栏选择自选图形

2．在自选图形中编辑文字。

右键单击插入的图形，在弹出如图 4-47 的快捷菜单中选择"添加文字"，图形中出现闪烁的插入点光标，用户即可输入文字，并通过选定文字，对文字格式进行设置。

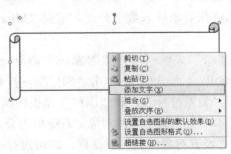

图 4-47　在自选图形中添加文字

3．设置自选图形格式。

（1）右键单击图片→弹出快捷菜单→选择"设置自选图形格式"→打开"设置自选图形格式"对话框。

（2）选定图片→单击"格式"菜单→选择"自选图形…"命令→打开"设置自选图形格式"对话框。

（3）选定图片后，利用绘图工具栏中的按钮进行设置。

如图 4-48 所示为"绘图"工具栏中的按钮。为图片进行填充颜色、线条颜色、字体颜色、线型等设置；设置自选图形的阴影样式，如图 4-49 所示；打开"阴影设置"对话框，如图 4-50 所示，对阴影位置、阴影颜色进行设置。

4．使用自选图形，构建样张中的人脸图和流程图。

图 4-48 "绘图"工具栏中的按钮　　　　　　　图 4-49 设置自选图形阴影样式

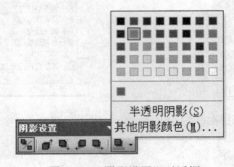

图 4-50 "阴影设置"对话框

〖任务 4〗公式编辑器的使用。

要求：按照图 4-36 所示样张要求插入数学公式，掌握"Microsoft 公式 3.0"的使用。

操作步骤

1．编辑公式：单击"插入"菜单→选择"对象…"命令→弹出"对象"对话框，如图 4-51 所示，选择"Microsoft 公式 3.0"→单击"确定"→打开"公式"工具栏和公式输入框，如图 4-52 所示，根据"关系符号"栏和"围栏"模板栏编辑样张中的数学公式。

2．设置公式格式：公式本质上也属于图片对象，右键单击公式→在快捷菜单中选择"设置对象格式…"命令→打开"设置对象格式"对话框，即可进行公式的格式化。

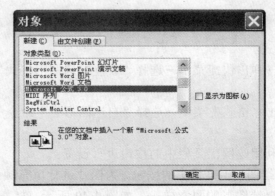

图 4-51 "对象"对话框

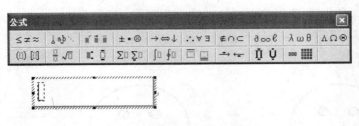

图 4-52　"公式"工具栏和公式输入框

〖任务 5〗水印的制作。

要求：按照图 4-36 所示样张要求在文档中插入图片水印和文字水印，掌握水印制作方法。

操作步骤

在 Word 中有多种制作水印的方式，样张中的水印是通过前两种方式制作的，以下介绍这几种制作方法。

1．单击"视图"菜单→选择"页眉和页脚"，进入页眉和页脚设置状态→单击"插入"菜单→选择"文本框"，在文本的相应位置插入文本框→在文本框内输入水印字样，设置字体，字号和字的颜色（本任务为隶书，一号字，红色）→右键单击文本框，弹出快捷菜单→选择"设置文本框格式…"→打开"设置文本框格式"对话框→选择"颜色与线条"标签→设置线条颜色为"无线条颜色"，单击"确定"→单击"页眉和页脚"工具栏上的"关闭"按钮，返回页面视图下。水印制作完成，文档的每一页中将显示相同的水印效果。

2．在文档中插入需要作为水印使用的图片→单击"图片"工具栏中"文字环绕"→选择"衬于文字下方"→单击"图片"工具栏中"颜色"→选择"冲蚀"。水印制作完成，这种方式制作的水印只在文档的当前页有效。

3．单击"格式"菜单→选择"背景"级联菜单中的"水印…"命令→打开"水印"对话框，如图 4-53 所示，选择"图片水印"→单击"选择图片…"按钮，在弹出"插入图片"对话框中选择图片后单击"插入"按钮返回"水印"对话框→设置"缩放"比例→设置是否"冲蚀"→单击"确定"按钮，完成图片水印制作，文档的每一页中将显示相同的水印效果。

4．单击"格式"菜单→选择"背景"级联菜单中的"水印…"命令→打开"水印"对话框，如图 4-53 所示，选择"文字水印"→在"文字"下拉列表框中选择要作为水印的文字或输入自定义文字→设置"字体"、"尺寸"、"颜色"、"版式"、是否"半透明"→单击"确定"按钮，完成文字水印制作，文档的每一页中将显示相同的水印效果。

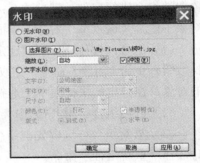

图 4-53　"水印"对话框

方法与技巧

1．绘制笑脸和哭脸。

（1）绘制笑脸：单击"绘图"工具栏中的"自选图形"下拉按钮→选择"基本形状"→展开基本形状图标→单击"笑脸"图标 ☺，光标呈细"十"字型→将光标定位到需要插入图形处，拖动鼠标→绘制出笑脸如图 4-54 所示。

（2）绘制哭脸：用（1）中的方法绘制一个笑脸→单击"笑脸"图形→用鼠标向上拖动"笑脸"嘴上的黄色按钮→"哭脸"绘制完成，如图 4-55 所示。

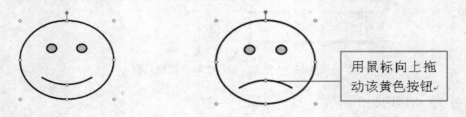

| 图 4-54 绘制"笑脸"图形 | 图 4-55 绘制"哭脸"图形 |

2．图形的叠放次序。

在 Word 中绘制图形时，图形与图形，图形与文字的位置关系系统默认是自动叠放在单独的层中。当对象重叠在一起时上层对象会覆盖下层对象上的重叠部分。如果需要改变图形与图形、图形与文字之间的位置关系。可以采用以下方式。

选定图形后，单击"绘图"工具栏中"绘图"下拉按钮，选择"叠放次序"命令，或者右单击图形，在弹出的快捷菜单中选择"叠放次序"命令。这两种方式均可显示出"叠放次序"子菜单，如图 4-56 所示。此时可以在子菜单中选择相应的命令对图形叠放次序进行设置。

3．对象的组合、取消组合和重新组合。

Word 中的图形、图像等多个单独的对象可以组合成一个整体，也可以将一个经过组合的整体对象取消组合进行局部处理。注意：需要进行组合的对象不能是"嵌入型"对象。下面介绍具体方法。

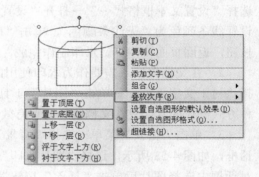

图 4-56 图形"叠放次序"子菜单

（1）组合：按住 Shift 键选定要组合的多个对象→单击"绘图"工具栏上的"绘图"下拉按钮→单击"组合"命令，完成组合。或者按住 Shift 键选定要组合的多个对象→单击选中的对象，在弹出的快捷菜单上选择"组合"级联菜单中的"组合"命令，完成组合。

（2）取消组合：用（1）中类似的操作，在选择命令时选择"取消组合"命令。

（3）重新组合：选取先前组合过的任意一个对象。用（1）中类似的操作，在选择命令时选择"重新组合"命令。

组合对象后，仍然可以选取组合中任意一个对象，方法是首先选取组合，然后单击要选取的对象。

【自主实验】

请同学们利用本次实验中学习到的图文混排方法，发挥自己的想象力和创造力制作一个图文并茂的个性化作品。例如：艺术海报、活动简报、书刊封面、电子贺卡、产品广告、招聘启事，等等。如图 4-57 所示，给大家展示一份书刊封面设计样张，仅供参考。

图 4-57 书刊封面样张

实验 4-5 长文档编辑

【实验目的】

1．认识长文档的特点。

2．掌握长文档的编排方法和技巧。

3．提高 Word 的综合应用能力。

【主要知识点】

1．编辑制作长文档大纲。

2．设置大纲的项目编号。

3．填充文档各章节内容。

4．文档分节。

5．添加封面。

6．设置页码。

7．添加目录。

8．设置页眉页脚。

9．页面设置。

【主要任务及步骤】

在 D 盘根目录下建立"SHIYAN4-5"子目录作为本次实验的工作目录。

〖任务 1〗制作长文档大纲。

要求：按照图 4-61 的要求制作长文档大纲。

操作步骤

1．启动 Word，新建文档 WD4.doc 保存于"SHIYAN4-5"子目录下。

2．切换视图：单击视图工具栏中的"大纲视图"按钮，如图 4-58 所示，将文档视图切换为大纲视图。

3．输入大纲正文：在大纲视图下将显示"大纲"工具栏，如图 4-59 所示。将"大纲"工具栏中的"大纲级别"设置为"正文文本"，输入如图 4-60 所示的大纲内容。

　　　　　　　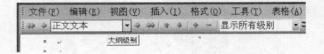

图 4-58　切换视图按钮　　　　　　　　　　图 4-59　"大纲"工具栏

图 4-60　长文档大纲结构

4．设置大纲级别：将插入点置于"前言"处，单击"大纲"工具栏中的"提升到'标题 1'"按钮 ，将"前言"的大纲级别设置为"1 级"；用同样的方法将"计算机的基本概念"设置为"1 级"；将插入点定位到"计算机技术的发展过程及趋势"上，利用"大纲"工具栏上的"提升"按钮 和"降低"按钮 ，将其级别设置为"2 级"；将插入点定位到"计算机技术的发展"上，利用"大纲"工具栏上的"提升"按钮 和"降低"按钮 ，将其级别设置为"3 级"；用同样的方式将如图 4-61 中所示的内容设置为相应的大纲级别。

图 4-61　设置大纲级别后的效果

　　5. 用样式与格式设置大纲格式：将插入点定位在任意"1 级"大纲上→单击"格式"菜单→选择"样式和格式…"命令→打开"样式和格式"任务窗格，如图 4-62 所示，在"所选文字的格式"下拉列表框中显示当前大纲的格式→单击右边的下拉按钮→选择"修改样式…"命令→打开"修改样式"对话框，如图 4-63 所示，修改大纲级别的格式→单击"确定"按钮后，大纲中同一级别的大纲都设置为修改后的格式。用同样的方式对大纲中所有级别的内容按任务要求设置格式。

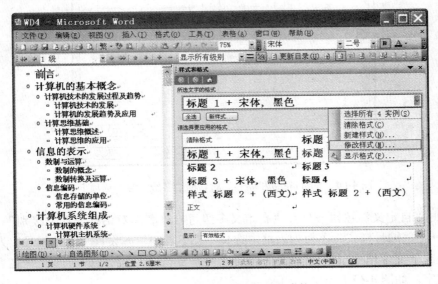

图 4-62　"样式和格式"任务窗格

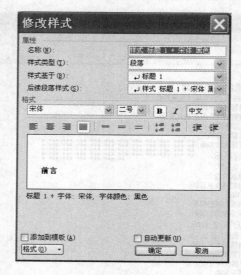

图 4-63　"修改样式"对话框

〖任务 2〗设置大纲的项目编号。

要求：按照图 4-66 的要求设置长文档大纲的项目编号。

操作步骤

1. 选定除"前言"和"参考文献"以外的所有大纲级别的标题文字→单击"格式"菜单→选择"项目符号和编号…"命令→打开"项目符号和编号"对话框→选择"多级符号"选项卡→选择所需方案，如图 4-64 所示。

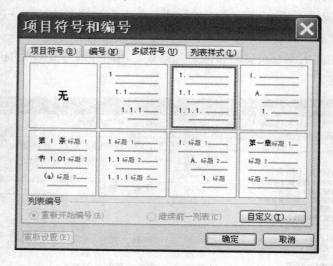

图 4-64　"项目符号和编号"对话框"多级符号"选项卡

2. 单击"自定义"按钮→打开"自定义多级符号列表"对话框→在"级别"列表框中选中"1"→在"编号样式"下拉列表框中选择"1,2,3，…"→设置"起始编号"为"1"→在"编号格式"文本框中"1"之前输入"第"字→删除"1"后边的小圆点→在"1"之后输入"章"字，如图 4-65 所示。

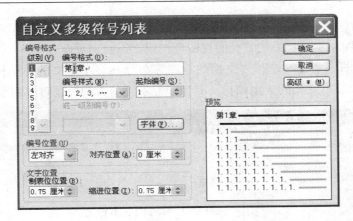

图 4-65　"自定义多级符号列表"对话框

3．利用（2）中相同的方法设置标题 2 和标题 3 的编号格式。

4．设置完成后→单击"确定"按钮返回"项目符号和编号"对话框→单击"确定"按钮，显示设置效果如图 4-66 所示。

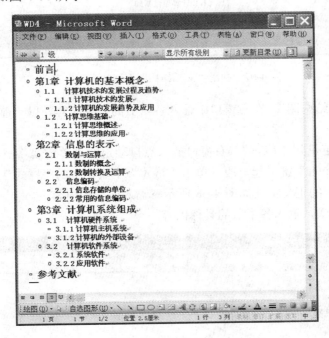

图 4-66　设置多级符号后的大纲效果

方法与技巧

"自定义多级符号列表"对话框中"编号格式"文本框里显示的编号数字均为灰色底纹，表示其为"域"，数字可随编号的增加而自动改变。用户在修改编号格式时不能删掉这些数字。

〖任务 3〗填充各章节内容，设置正文格式。

要求：按照长文档的具体要求填充或撰写内容，并设置正文格式。

操作步骤

1. 单击"视图"工具栏上的"页面视图"按钮，返回到页面视图。

2. 单击"视图"菜单→选择"文档结构图"命令→显示本文的"文档结构图"，如图 4-67 所示。左窗口显示文档的大纲结构，右窗口显示当前大纲标题对应的章节。

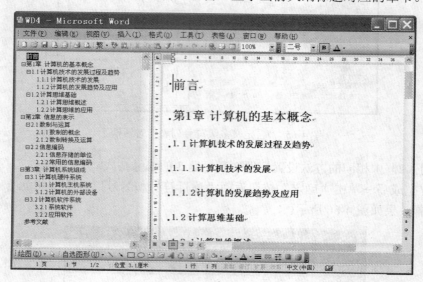

图 4-67　利用"文档结构图"添加章节内容

3. 通过"文档结构图"，在右窗口中输入各章节的完整内容，以"前言"内容的输入为例进行说明：

将左窗口光标定位到"前言"，右窗口插入点自动定位到"前言"→将插入点移到"前言"末尾→键入"Enter"键另起一段→单击"格式"工具栏上的"样式"下拉列表框→选择"正文"，并设置相应的正文格式如图 4-68 所示→输入前言的内容。

4. 用 3 中的方法，输入各章节的具体内容。

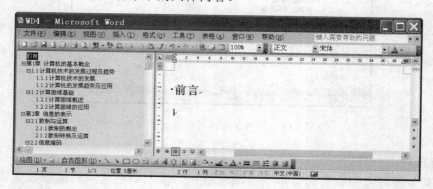

图 4-68　设置输入内容的"正文"样式

〖任务 4〗文档分节。

为了方便长文档的排版，通常需要文档的各部分、各章节相对独立。这就需要对文档的不同部分进行分节处理。

操作步骤

1．将插入点定位到文档"前言"的结束处→单击"插入"菜单→选择"分隔符…"命令→打开"分隔符"对话框，如图 4-69 所示，选择"下一页"→单击"确定"按钮，"前言"内容自成一节。

2．用 1 中的方法对文档的第一章、第二章、第三章进行分节处理，整篇文档共计被分成 5 节。

3．切换到"普通视图"下，可观察文档的分节设置情况。

〖任务 5〗添加封面。

图 4-69　"分隔符"对话框

要求：在文档"前言"之前添加一新节，用于文档封面设计。

操作步骤

1．回到"页面视图"下，将插入点定位到标题"前言"的"前"字之前。

2．单击"插入"菜单→选择"分隔符…"命令→打开"分隔符"对话框→选择"下一页"→单击"确定"按钮，产生一新节，用于封面设置。

3．用户可根据自己的创意和想法为本文设计封面。

〖任务 6〗设置页码。

要求：本文档封面不设置页码，前言部分的页码设置为罗马数字：Ⅰ，Ⅱ，Ⅲ，…；各章节内容连续设置页码为阿拉伯数字：1，2，3，…；参考文献部分单独设置页码为阿拉伯数字：1，2，3，…。

操作步骤

1．将插入点定位到封面任意位置→单击"插入"菜单→选择"页码…"命令→打开"页码"对话框→取消"首页显示页码"前的对勾，如图 4-70 所示。封面将不会显示页码。

2．将插入点定位到"前言"任意位置→单击"插入"菜单→选择"页码…"命令→打开"页码"对话框，设置页码位置、对齐方式→设置"首页显示页码"前的对勾→单击"格式…"按钮→打开"页码格式"对话框，如图 4-71 所示，单击"数字格式"右边组合框的下拉按钮，选择罗马数字：Ⅰ，Ⅱ，Ⅲ，…→选择"起始页码"为罗马数字：Ⅰ→单击"确定"按钮，完成前言部分的页码设置。

图 4-70　"页码"对话框　　　　　　　　图 4-71　"页码格式"对话框

3．将插入点定位到"第 1 章"首页任意位置→单击"插入"菜单→选择"页码…"命令→打开"页码"对话框，设置页码位置、对齐方式→设置"首页显示页码"前的对勾→单击"格式…"按钮→打开"页码格式"对话框，设置"数字格式"，选择"起始页码"→单击"确定"按钮,完成文档正文各章的页码设置。

4．将插入点定位到"参考文献"首页任意位置→单击"插入"菜单→选择"页码…"命令→打开"页码"对话框,设置页码位置、对齐方式→设置"首页显示页码"前的对勾→单击"格式…"按钮→打开"页码格式"对话框,设置"数字格式",选择"起始页码"→单击"确定"按钮,完成参考文献部分的页码设置。

〖任务 7〗添加目录。

要求:按照图 4-73 所示要求设置系统自动生成的目录。

操作步骤

1．将插入点定位到标题"前言"的"前"字之前→单击"插入"菜单→选择"分隔符…"命令→打开"分隔符"对话框→选择"下一页"→单击"确定"按钮,产生一新节,用于设置文档目录。

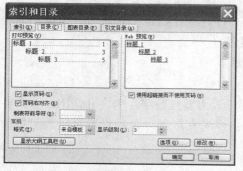

图 4-72 "索引和目录"对话框"目录"选项卡

2．将插入点定位到目录页首行→在格式工具栏上选择"正文"样式→单击"插入"菜单→选择"引用"级联菜单→选择"索引和目录…"命令→打开"索引和目录"对话框→选择"目录"选项卡→按任务要求设置标题的显示级别,如图 4-72 所示→单击"确定"按钮→系统自动生成目录。

3．将插入点定位到目录首行,输入"目录"二字,设置相应字体、字号,并设置为居中对齐,系统自动生成目录如图 4-73 所示。

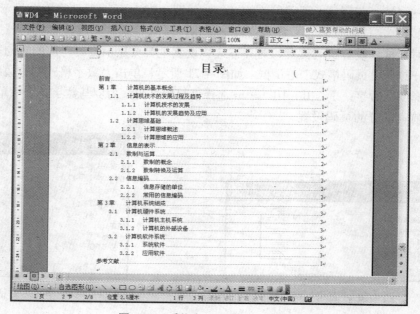

图 4-73 系统自动生成的目录效果

〖任务 8〗设置页眉和页脚。

要求:对本文档不同章节设置不同的页眉。

操作步骤

1．在页面视图下将插入点定位到文档第 2 节"目录"的任意位置→单击"视图"菜单→选择"页眉和页脚"命令→显示"页眉和页脚"工具栏，进入页眉和页脚编辑状态，如图 4-74 所示。

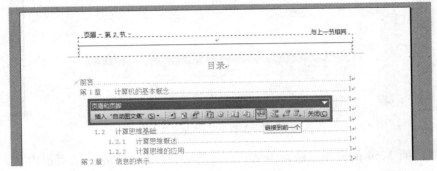

图 4-74　页眉页脚编辑状态

2．单击"页眉和页脚"工具栏中的"链接到前一个"按钮，页眉右上角"与上一节相同"字样被取消。在页眉处输入第 2 节页眉"目录"，如图 4-75 所示。通过这种方式可以避免第 2 节与第 1 节的页眉相同。

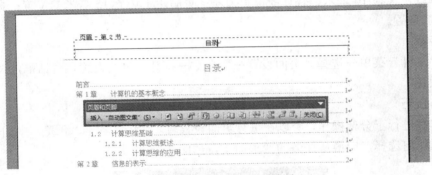

图 4-75　第 2 节页眉"目录"输入

3．单击"页眉和页脚"工具栏中的"显示下一项"按钮，显示出第 3 节"前言"的页眉与第 2 节的页眉相同，均为"目录"，同时页眉右上角显示"与上一节相同"，如图 4-76 所示。

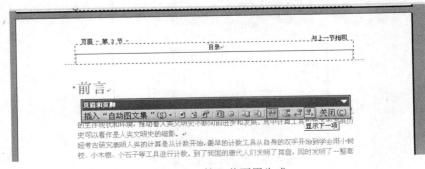

图 4-76　第 3 节页眉生成

4．单击"页眉和页脚"工具栏中的"链接到前一个"按钮，页眉右上角"与上一节相同"字样被取消。在页眉编辑处删除"目录"二字，重新输入页眉"前言"，如图4-77所示。

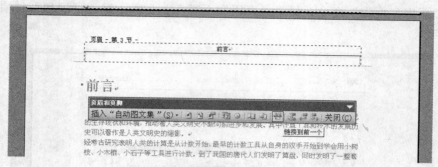

图 4-77　第 3 节页眉"前言"输入

5．重复前面 3、4 的操作方法，为文档后面的不同章节设置不同的页眉内容。

6．单击"页眉和页脚"工具栏中的"关闭"按钮，退出页眉和页脚编辑状态，返回文档编辑状态。

〖任务 9〗页面设置。

要求：纸张 A4（210 毫米×297 毫米）；上、下边界 25 毫米、左边界 30 毫米、右边界 20 毫米；装订线定义为 10 毫米、装订线位置为左；页眉距上边界 15 毫米的位置；页脚距下边界 15 毫米的位置。

操作步骤

单击"文件"菜单→选择"页面设置…"命令→打开"页面设置"对话框，按任务要求进行页面设置。

方法与技巧

由于本文进行了分节操作，所以在进行页面设置时，每个选项卡"预览"中的"应用于"下拉列表框如何选择，应遵从任务的要求而定，如图4-78所示。

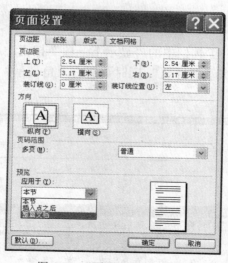

图 4-78　"页面设置"对话框

【自主实验】

〖任务 1〗按如下要求撰写"我的大学四年规划"一文。

1. 封面。

2. 目录。

3. 中英文摘要。

4. 全文不少于 4 章。

5. 每一章必须包含三级目录（例如：第 1 章、1.1、1.1.1）。

6. 全文不少于 6000 字。

〖任务 2〗论文排版格式要求。

1. 正文文本：宋体小四号、标准字间距、首行缩进两个字符、行间距为固定值 26 磅、两端对齐方式排列。

2. 中文摘要和中文关键词：用小四号仿宋体、两端对齐方式排列。

3. 英文摘要和英文关键词：用小四号 Times New Roman 体、两端对齐方式排列。

4. 参考文献：具体参考文献目录按小四号仿宋体、两端对齐方式排列。

5. 标题格式：将摘要、Abstract、各章主标题及参考文献设置为一级标题，一级标题为三号黑体加粗并居中排列；各章小标题分别设为二级、三级标题；二级标题为小三号仿宋体加粗，左边与正文对齐排列；三级标题为四号仿宋体加粗，左边与正文对齐方式排列。

6. 删除正文中一级、二级、三级标题的编号，改为系统自动设置的多级编号。

7. 中、英文摘要、各章之间及参考文献均添加分节符（下一页）。

8. 页码：采用五号宋体、居中，中英文摘要连续编码（用罗马数字），章节内容（从第 1 章开始）连续编码（阿拉伯数字）。

9. 在英文摘要和第一章之间添加目录、目录单独设置页码（用罗马数字）。

10. 设置页眉，各节页眉分别为中文摘要、英文摘要、目录、每章标题及参考文献；采用五号宋体、居中。

11. 页面设置：纸张 A4（210 毫米×297 毫米）；上、下边界 25 毫米、左边界 30 毫米、右边界 20 毫米；装订线定义为 10 毫米、装订线位置为左；页眉距上边界 15 毫米的位置；页脚距下边界 15 毫米的位置。

〖任务 3〗论文封面格式要求。

1. 论文标题：小 2 号黑体。

2. 院（系）、专业年级、学生姓名、学号、指导教师、职称及日期：采用四号仿宋体。在满足上述要求的前提下，尽量个性化、美化封面。

第5章 电子表格实验

实验5-1 Excel 的基本操作

【实验目的】

1. 掌握 Excel 的启动、退出方法，熟悉窗口界面及菜单的使用。
2. 掌握 Excel 工作簿的建立、保存与打开操作。
3. 掌握各类数据的录入。
4. 熟练掌握数据编辑与修改的方法。
5. 熟练掌握基本函数及公式的使用方法。

【主要知识点】

1. Excel 文档的建立、保存、打开。
2. 各类数据的录入。
3. 数据的编辑与修改。
4. 公式的使用方法。
5. 基本函数使用方法。

【实验任务及步骤】

在 D 盘根目录下建立"SHZYAN5-1"文件夹作为本次实验的工作目录。

〖任务1〗Excel 文档的建立、保存和打开。

启动 Excel 2003，新建一个文档，在 Sheet1 工作表中录入如表5-1所示数据。保存文件于"SHZYAN5-1"文件夹中，文件名为"EX1.xls"。

表5-1 职工工资表

某月份职工工资表							
职工编号	姓名	性别	部门	基本工资	住房补贴	三金	实发工资
0531	张明	男	冰洗销售	2600	230	280	
0528	李丽	女	冰洗销售	2800	256	280	
0673	王小玲	女	手机销售	2760	243	280	
0648	李亚楠	男	手机销售	2835	215	280	
0715	王嘉伟	男	厨电销售	3200	280	280	
0729	张华	男	厨电销售	3100	268	280	
0830	赵静	女	卫浴销售	2900	245	280	
0812	黄华东	男	卫浴销售	2780	254	280	
最大值							
平均值							

操作步骤

1．选择"开始→程序→Microsoft Office→Microsoft Office Excel 2003"菜单，启动 Excel 2003，可见如图 5-1 所示 Excel 2003 界面。

图 5-1　Excel 2003 界面

2．在 Sheet1 中录入表 5-1 所示的职工工资表（输入职工编号时应先输入单引号，如'0531）。

3．单击"保存"按钮，在弹出如图 5-2 所示的"另存为"对话框中选择文档保存位置，输入文件名，单击"保存"按钮保存文件。

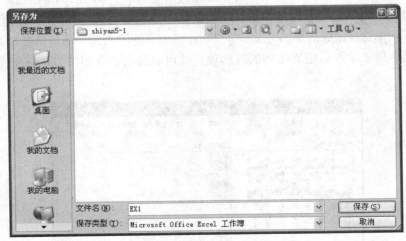

图 5-2　"另存为"对话框

方法与技巧

1．数据的录入。

（1）输入文本数字。如果想将输入的数字作为文本处理，一种方法是将单元格格式设置为"文本"。另一种方法是在数字前加一个英文字符单引号，数字即表示为文本而非数值。输入身份证号、学号、手机号等都应如此处理。

（2）输入分数。Excel 2003 不能直接输入分数，例如要在单元格内显示"1/10"，必须将单元格格式设置为"分数"，或输入分数时先输入一个 0 和一个空格（位于 0 与分数之间），即可将分数按原样显示（处理时按小数）。否则将"1/10"显示为 1 月 10 日。

（3）行（列）重复数据输入。如果需要在某行（或列）内重复输入文本数据，可以在第一个单元格内输入数据并将这个单元格选中，然后将鼠标移至所选区域右下角的填充柄（小黑点）处，当光标变为实心十字时按下鼠标左键拖过所有需要输入的单元格（如果被选中的单元格里有数字或日期等数据最好按住 Ctrl 键拖动鼠标，这样可以防止以序列方式填充单元格）即可。

（4）简单序列输入（如数字 2、4、6……20 的输入）。

方法一：在起始前两单元格内依次输入序列的前两个数，然后选中已输入的两个单元格，将鼠标移至所选区域右下角的填充柄（小黑点）处，当光标变为实心十字时按下鼠标左键沿表格的行或列拖动即可。

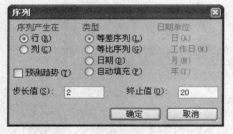

图 5-3　"序列"对话框

方法二：首先输入该序列的初值 2，然后将该单元格选中，再选择"编辑|填充|序列"菜单，打开如图 5-3 所示的"序列"对话框，根据需要选中"序列产生在"下的"行"以及"类型"下的"等差序列"，在"步长值"后输入"2"，"终止值"后输入"20"，单击"确定"按钮后，就会自动在行上产生这样的序列。

（5）自定义序列输入。如果输入的序列比较特殊，可以事先加以定义，然后像简单序列那样输入了。自定义序列的方法是：单击"工具"菜单中的"选项"命令，打开如图 5-4 所示的"选项"对话框中的"自定义序列"选项卡；在"输入序列"框中输入自定义序列的全部内容，每输入一条就要按一下回车键，完成后单击"添加"按钮；整个序列输入完毕后，单击对话框中的"确定"按钮。此后只要输入自定义序列的前一项，就可以按前面介绍的方法将整个序列填入单元格。

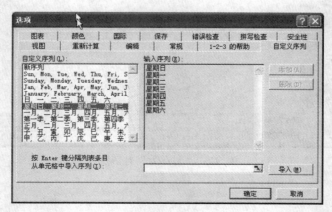

图 5-4　自定义序列

如果 Excel 工作表中有你需要的序列，就可以将其选中，打开"自定义序列"选项卡，然后单击"导入"按钮，这个序列就会进入自定义序列供你使用了。

2．数据的修改。

选中该单元格，再单击编辑栏即将光标放于编辑栏中便可修改数据；或双击该单元格，将光标放于该单元格中就可以修改单元格中数据。

〖任务 2〗公式的使用。

利用公式计算"实发工资"的值（实发工资=基本工资+住房补贴−三金）。

操作步骤

1．选中第一个存放实发工资结果的单元格 H3。

2．如图 5-5 所示在该单元格中输入"=E3+F3-G3"并按回车键，执行计算。

图 5-5　公式录入

3．选中 H3 单元格，然后将鼠标移至所选单元格右下角的填充柄（小黑点）处，当光标变为小黑十字时按下鼠标左键拖至 H10 单元格即可。

方法与技巧

1．公式的录入。

输入公式时必须以"="开头，公式由常量、单元格引用、函数和运算符组成。

（1）运算符（表 5-2）。

表 5-2　运算符

运 算 符 类 型	表 示 形 式
算术运算符	加（+）、减（-）、乘（*）、除（/）、乘方（^）
关系运算符	等于（=）、小于（<）、大于（>）、小于等于（<=）、大于等于（>=）、不等于（<>）

运算符使用时注意优先级。算数运算符优先级从高到低为^、*、/、+、-；关系运算符优先级相同；算术运算符优先级高于关系运算符。

（2）单元格引用。

公式或函数中引用单元格地址以代表单元格的内容。以下为单元格地址引用的三种形式。

相对引用（例如 E3）：公式复制时，公式中所引用的单元格地址会发生相对的变化。

绝对引用（例如$E$3）：公式复制时，公式中所引用的单元格地址不会发生变化。

混合引用（例如$E3 或 E$3）：公式复制时，公式中所引用的地址相对部分会发生相对的变化，而绝对部分不会发生变化。

在同一工作簿中不同工作表之间的单元格可以相互引用，如 Sheet3!A3（在某一工作表中引用 Sheet3 中的 A3 单元格）。

2．公式的复制。

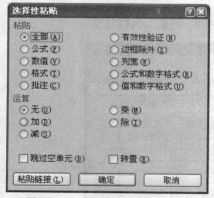

图 5-6　"选择性粘贴"对话框

（1）拖动复制。它是最常见的一种公式复制方法：选中存放公式的单元格后，将光标移至填充柄处，待光标呈实心十字后，按住鼠标左键沿列或行拖动，到达数据结尾处，同时完成公式复制和计算。

（2）选择性粘贴。Excel 中的"选择性粘贴"内容更加丰富，它是复制公式的有力工具：只要选中存放公式的单元格，单击工具栏中的"复制"按钮。再选中需要使用该公式的所有单元格，选择"编辑|选择性粘贴"菜单，在弹出的如图 5-6 所示的"选择性粘贴"对话框中，选择"粘贴"下的"公式"项后，单击"确定"按钮，剪贴板中的公式即粘贴到选中单元格。

〖任务 3〗函数的使用。

要求：利用函数计算"最大值"和"平均值"项的值。

操作步骤

1．选中存放第一个最大值结果的单元格"E11"。

2．单击编辑栏（或工具栏）中的 f_x 按钮，在弹出的如图 5-7 所示的"插入函数"对话框中，滚动"选择函数"列表，从中选择"MAX"函数。

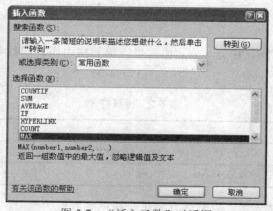

图 5-7　"插入函数"对话框

3．单击"确定"按钮，在弹出的如图 5-8 所示的"函数参数"对话框的参数框中输入参数"E3:E10"。

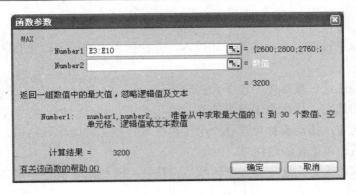

图 5-8　"函数参数"对话框

4. 单击"确定"按钮，计算结果出现在公式所在的单元格。

5. 选中 E11 单元格，利用填充柄复制函数到 F11:H11 单元格即可。用类似的方法使用 AVERAGE 函数可计算"平均值"。

6. 通过计算得如表 5-3 所示表格，保存文档。

表 5-3　职工工资表样张

某月份职工工资表							
职工编号	姓名	性别	部门	基本工资	住房补贴	三金	实发工资
0531	张明	男	冰洗销售	2600	230	280	2550
0528	李丽	女	冰洗销售	2800	256	280	2776
0673	王小玲	女	手机销售	2760	243	280	2723
0648	李亚楠	男	手机销售	2835	215	280	2770
0715	王嘉伟	男	厨电销售	3200	280	280	3200
0729	张华	男	厨电销售	3100	268	280	3088
0830	赵静	女	卫浴销售	2900	245	280	2865
0812	黄华东	男	卫浴销售	2780	254	280	2754
最大值				3200	280	280	3200
平均值				2871.875	248.875	280	2840.75

方法与技巧

1. 函数。

Excel 2003 提供了许多内置函数，用户可以根据需要选择使用。函数一般格式为：函数名（参数表）。函数的使用通常采用两种方法。

（1）"自动求和"按钮。Σ ▾按钮包括求和、求平均值、计数、求最大值、求最小值和插入其他函数。

（2）"插入函数"按钮。单击工具 *fx* 按钮，弹出的"插入函数"对话框，可以选择所需函数。

2．函数参数。

函数参数可以通过选定单元格的方式插入，先将插入点置于函数参数区，再通过以下方式获取参数。

一个单元格的选定：鼠标单击该单元格即可。

一行或一列的选定：鼠标单击行号或列号则可选定一行或一列。

矩形区域的选定：拖动鼠标可选择一个矩形区域；单击起始单元格后，按住 Shift 键单击最后一个单元格也可选定矩形区域。

多个矩形区域的选定：选定第一个区域后，按住 Ctrl 键选定其他区域。

【自主实验】

〖任务 1〗创建如表 5-4 所示的学生成绩表。

表 5-4　学生成绩表

某班计算机基础成绩表								
学号	姓名	性别	单选题	多选题	判断	填空	卷面成绩	合格否
2013001	林武	男	25	14	18	12		
2013002	张英	女	38	18	16	20		
2013003	王立新	男	18	14	10	13		
2013004	张天翼	男	35	16	15	15		
2013005	李自立	男	28	15	16	14		
2013006	丁丽	女	20	11	15	16		
2013007	王依伊	女	15	16	6	12		
2013008	成利	女	28	15	18	14		
平均得分								

〖任务 2〗计算学生的卷面成绩、合格否以及平均得分。

操作提示：卷面成绩为各题得分之和，使用 SUM 函数；平均得分使用 AVERAGE 函数；合格否根据卷面成绩是否大于等于 60，填充"合格"、"不合格"，使用 IF 函数（在 I3 单元格输入函数=IF(H3>=60,"合格","不合格")）。

〖任务 3〗保存得到如表 5-5 所示的表格。

表 5-5　学生成绩表样张

某班计算机基础成绩表								
学号	姓名	性别	单选题	多选题	判断	填空	卷面成绩	合格否
2013001	林武	男	25	14	18	12	69	合格
2013002	张英	女	38	18	16	20	92	合格
2013003	王立新	男	18	14	10	13	55	不合格
2013004	张天翼	男	35	16	15	15	81	合格
2013005	李自立	男	28	15	16	14	73	合格

续表

某班计算机基础成绩表								
学号	姓名	性别	单选题	多选题	判断	填空	卷面成绩	合格否
2013006	丁丽	女	20	11	15	16	62	合格
2013007	王依伊	女	15	16	6	12	49	不合格
2013008	成利	女	28	15	18	14	75	合格
平均得分			25.875	14.875	14.25	14.5	69.5	

实验 5-2　表格格式化及数据图表化

【实验目的】

1. 掌握工作表的插入、删除、复制、移动和重命名的基本操作。
2. 掌握各类数据的格式化。
3. 掌握表格的格式化。
4. 掌握内嵌式图表和独立图表的创建方法。
5. 掌握图表的编辑和格式化操作。

【主要知识点】

1. 工作表的复制、重命名。
2. 数据的格式化。
3. 单元格的边框、底纹的添加。
4. 条件格式的设置。
5. 图表的创建。
6. 图表的修改。

【实验任务及步骤】

在 D 盘根目录下建立"SHIYAN5-2"文件夹作为本次实验的工作目录。打开"SHIYAN5-1"将文件 EX1.xls 另存为："SHIYAN5-2"文件夹下的 EX2.xls。

〖任务 1〗工作表的复制及重命名。

将 EX2.xls 的 Sheet1 工作表重命名为"职工工资表",复制"职工工资表"到 Sheet2 前,改名为"格式化后的工资表"。

操作步骤

1. 鼠标右击"Sheet1"工作表的标签,在弹出的快捷菜单中选择"重命名",然后在标签处输入"职工工资表"。

2. 鼠标右击"职工工资表"工作表的标签,在快捷菜单中选择"移动或复制工作表",在弹出的如图 5-9"移动或复制工作表"对话框中选择在 Sheet2 前建立副本,则在 Sheet2 前生成一个与"职工工资表"内容相同的"职工工资表(2)"工作表。重命名为"格

图 5-9　"移动或复制工作表"对话框

式化后的工资表"。

〖任务 2〗数据的格式化。

选择"格式化后的工资表",设置字符、数字格式:合并 A1:H1 单元格,将第一行标题设置为"隶书、粗体、红色、20 磅",居中对齐;合并 A11:D11 单元格、A12:D12 单元格,居中对齐;其余文本为"仿宋体、加粗、14 磅"。将数值数据设置为"宋体、加粗、12 磅、保留 2 位小数。

操作步骤

1. 在"格式化后的工资表"工作表中,选择 A1:H1 单元格,选择"格式→单元格",在弹出的"单元格格式"对话框中,选择如图 5-10 所示的"对齐"选项卡,设置水平居中对齐、垂直居中对齐以及合并单元格;选择如图 5-11 所示的"字体"选项卡,设置为"隶书、粗体、红色、20 磅"。

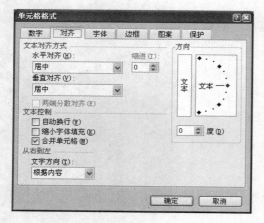

图 5-10 "单元格格式"对话框"对齐"选项卡

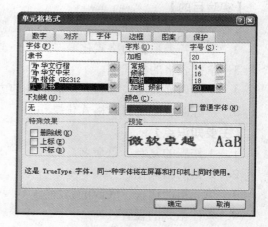

图 5-11 "单元格格式"对话框"字体"选项卡

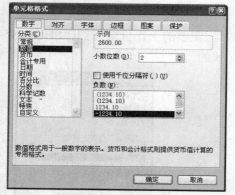

图 5-12 "单元格格式"对话框"数字"选项卡

2. 同样的方法分别选中 A11:D11 单元格、A12:D12 单元格合并居中。

3. 选中其他文本单元格,设置其字体为"仿宋体_GB2312,加粗,14 磅"。

4. 选中数值数据单元格,在"字体"选项卡中,设置字体为"宋体、加粗、12 磅";在如图 5-12 所示的"单元格格式"对话框"数字"选项卡中,设置为保留 2 位小数。

方法与技巧

1. 设置单元格的行高和列宽。

工作表中单元格的行高和列宽,用户可根据需要进行调整。选定需要调整的单元格,拖动行号的下边框或列号的右边框可调整行高或列宽;也可选定需要调整的单元格,选择"格式|行|行高"可调整行高,选择"格式|列|列宽"可调整列宽。

2．单元格的常用格式大都可以通过工具栏的按钮进行快速设置。

（1）利用工具栏中的合并及居中按钮，可以快速实现单元格的合并及居中。

（2）利用单击工具栏中的增加小数位按钮和减少小数位按钮可以方便地实现数值的小数位设置。

（3）利用单击工具栏中的货币样式按钮、百分比样式按钮 %、千分分隔样式按钮，可以快速添加数值的货币符号、百分比符号以及千分位分隔符。

有些特殊的数字格式需要用户自己定义时，可选择"单元格格式"对话框的"数字"选项卡中分类项的"自定义格式"来实现，如图 5-13 所示。用户可在其列表框中选择现有的数据格式，或者在"类型"框中输入定义的一个格式（原有的自定义格式不会丢失）。

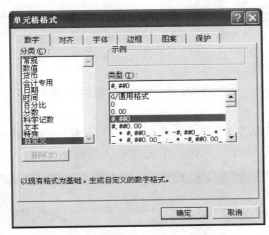

图 5-13　"单元格格式/分类/自定义"对话框

注意："单元格自动换行"只能通过"单元格格式"对话框的"对齐"选项卡的"文本控制"中选择"自动换行"来设置。

〖任务 3〗单元格格式化。

设置第一行标题为浅蓝色底纹，第二行列标题设为浅黄色底纹；设置外边框为红色的粗实线，内边框为蓝色的虚线。

操作步骤

1．选定标题单元格，选择"格式→单元格"，在弹出的"单元格格式"对话框中，选择如图 5-14 所示的"图案"选项卡，设置其为"浅蓝色"底纹；同样的方法设置第二行列标题的底纹。

2．选中所有的表格，选择"格式→单元格"菜单，在弹出的"单元格格式"对话框中，选择如图 5-15 所示的"边框"选项卡，选择线条样式为"粗线"，颜色为"红色"后，单击"外边框"；选择线条样式为"虚线"，颜色为"蓝色"后，单击"内部"。

方法与技巧

设置单元格边框线时，应先选择线条样式和颜色，再选边框。

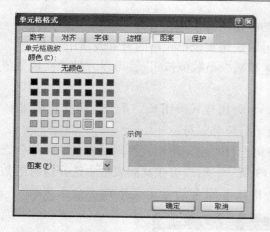
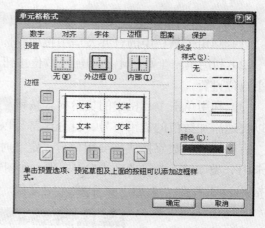

图 5-14　"单元格格式"的"图案"选项卡　　　图 5-15　"单元格格式"对话框"边框"选项卡

〖任务4〗设置条件格式。

要求：将实发工资列中，大于 3000 的用蓝色、粗斜体显示。

操作步骤

1．选定所有实发工资，选择"格式→条件格式"，在弹出的如图 5-16 所示的"条件格式"对话框的条件 1 中，设置"大于"3000，单击"格式"按钮。

图 5-16　"条件格式"对话框

2．在弹出的"单元格格式"对话框中，选择"字体"选项卡，设置字形为"加粗，倾斜"，颜色为"蓝色"后，单击"确定"按钮。

3．在返回"条件格式"对话框中单击"确定"按钮。

方法与技巧

1．可通过"条件格式"对话框中的"添加"按钮，设置多个条件不同的格式。

2．对于已设定的条件格式，可通过"删除"按钮删除不需要的条件格式。

〖任务5〗图表的创建。

复制"职工工资表"并改名为"内嵌图表"。在"内嵌图表"工作表中利用所有职工的基本工资和实发工资创建如图 5-17 所示的内嵌式三维簇状柱形图。

操作步骤

1．复制"职工工资表"并改名为"内嵌图表"。

2．选定"内嵌图表"工作表。单击工具栏中的"图表向导 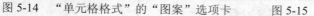 "按钮，打开图表向导，在弹出的如图 5-18 所示的 "图表向导-4 步骤之 1-图表类型"对话框中，选择图表类型为"柱形图"，在子图表类型中选择"三维簇状柱形图"后，单击"下一步"按钮。

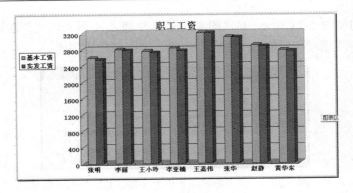

图 5-17　"职工工资"图表

3．在弹出的如图 5-19 所示的"图表向导-4 步骤之 2-图表源数据"对话框中，单击数据区域部分的  按钮，选择 B2:B10、E2:E10 和 H2:H10 单元格后回车，返回对话框中，单击"下一步"按钮。

 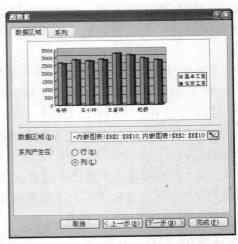

图 5-18　"图表向导-4 步骤之 1-图表类型"对话框　　图 5-19　"图表向导-4 步骤之 2-图表源数据"对话框

4．在弹出的如图 5-20 所示的"图表向导-4 步骤之 3-图表选项"对话框"标题"选项卡中，输入图表标题为"职工工资"，单击"下一步"按钮。

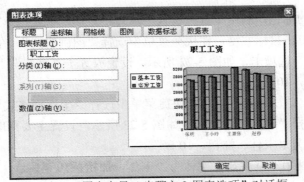

图 5-20　"图表向导-4 步骤之 3-图表选项"对话框

5．在弹出的如图 5-21 所示的 "图表向导-4 步骤之 4-图表位置"对话框中，选择将图表"作为其中的对象插入"，单击"完成"按钮，则图表创建完成。

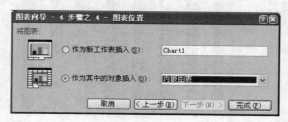

图 5-21　"图表向导-4 步骤之 4-图表位置"对话框

方法与技巧

在 Excel 2003 中，可以建立两种类型的图表：内嵌图表和独立图表。

1．在"图表向导-4 步骤之 1-图表类型"对话框中 Excel 2003 提供了"标准类型"图表 14 个（不含子图表），用户可根据需要选择不同的图表类型和子图表类型。各种图表都有自己的最佳适用范围，例如柱形图显示一段时间内的数据变化或比较结果，用来反映数据随时间的变化很合适。条形图可以对数据进行比较，用来反映数据间的相对大小比较好。

2．在"图表向导-4 步骤之 2-图表源数据"对话框中的"系列"选项卡用来添加新的数据区域和 X 轴标志等内容。（选择不相邻的单元格时，需要按住 CTRL 键再选择；一个图表可以引用多个工作表中的多处数据）。

3．在"图表向导-4 步骤之 3-图表选项"对话框中有六个选项卡供用户输入或设置若干图表选项。

4．在"图表向导-4 步骤之 4-图表位置"对话框中，图表位置有两种可供选择："作为新工作表插入"，可创建独立图表，图表单独存放；"作为其中的对象插入"，可创建内嵌式图表，图表与数据存于同一工作表。

〖任务 6〗图表格式化。

设置标题字体为"宋体，加粗，蓝色，16 磅"；图例放于图表的左边，字体为"宋体，加粗，10 磅"；将数值轴的主要刻度间距改为 400，字体加粗；X 轴字体为"宋体，加粗，10 磅"；图表的边框线为黄色粗线，加阴影；如图 5-17 所示。

操作步骤

1．选中图表中的标题，利用工具栏设置字体为"宋体，加粗，蓝色，16 磅"。

2．选中图例，单击鼠标右键，在快捷菜单中选择"图例格式"，在弹出的"图例格式"对话框中选择"位置"选项卡，如图 5-22 所示，设置放置于"靠左"；"字体"选项卡中设置字体为"宋体，加粗，10 磅"。

3．选中数值轴，单击鼠标右键，在快捷菜单中选择"坐标轴格式"。在弹出的"坐标轴格式"对话框中，选择"刻度"选项卡，如图 5-23 所示，设置主要刻度单位为 400，在"字体"选项卡设置字体为"宋体、加粗、10 磅"。

4．选中 X 轴，利用工具栏设置字体为"宋体，加粗，10 磅"。

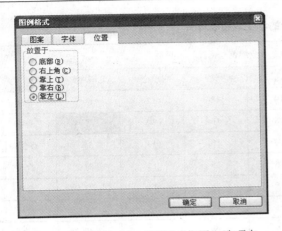

图 5-22 "图例格式"对话框"位置"选项卡

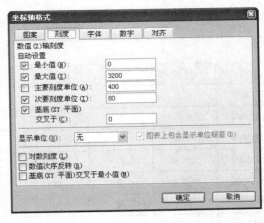

图 5-23 "坐标轴格式"对话框"刻度"选项卡

5．在图表区单击鼠标右键，在快捷菜单中选择"图表区格式"。在弹出的"图表区格式"对话框中，选择"图案"选项卡，如图 5-24 所示，设置图表的边框线为黄色粗线，加阴影。

方法与技巧

1．要修改图表，必须先激活图表。

2．Excel 图表中的任何一个对象都是可以修改的，只要用鼠标右键单击这个对象，选择快捷菜单中的适当命令，或者双击该对象，就可以打开对话框执行操作了。

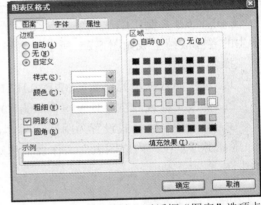

图 5-24 "图表区格式"对话框"图案"选项卡

【自主实验】

〖任务 1〗打开"SHIYAN5-1"文件夹中的学生成绩表.xls 并另存到"SHIYAN5-2"中，命名为：学生成绩表 2.xls。

〖任务 2〗将学生成绩表 2.xls 的 Sheet1 工作表重命名为"学生成绩表"，复制"学生成绩表"到 Sheet2 前，该名为"格式化后的成绩表"。

〖任务 3〗选择"格式化后的成绩表"，设置字符、数字格式：合并 A1:I1 单元格，将第一行标题设为"华文新魏、粗体、蓝色、20 磅"，居中对齐；合并 A11:C11 单元格，居中对齐；其余文本为"宋体、12 磅、居中对齐"。将数值数据设置为："Arial、12 磅、居中对齐"，平均得分保留 2 位小数。

操作提示：可使用工具栏的按钮快速实现单元格格式设置。

〖任务 4〗单元格格式化：设置第一行标题为黄色底纹，第二行列标题设为浅蓝色底纹；设置外边框为黑色的粗实线，平均得分行的上框线、合格否列的右框线设为红色的双实线，其余为黑色细实线。

〖任务 5〗将卷面成绩中，小于 60 的设为红色、粗斜体，高于 90 分的设置粉色底纹。

操作提示：利用"格式→条件格式"菜单来完成。

学生成绩表格式设置后如表 5-6 所示。

表 5-6　格式化后的学生成绩表样张

某班计算机基础成绩表								
学号	姓名	性别	单选题	多选题	判断	填空	卷面成绩	合格否
2013001	林武	男	25	14	18	12	69	合格
2013002	张英	女	38	18	16	20	92	合格
2013003	王立新	男	18	14	10	13	55	不合格
2013004	张天翼	男	35	16	15	15	81	合格
2013005	李自立	男	28	15	16	14	73	合格
2013006	丁丽	女	20	11	15	16	62	合格
2013007	王依伊	女	15	16	6	12	49	不合格
2013008	成利	女	28	15	18	14	75	合格
平均得分			25.88	14.88	14.25	14.50	69.50	

〖任务 6〗复制"学生成绩表"改名为"内嵌图表"。在"内嵌图表"工作表中利用所有学生的卷面成绩生成如图 5-25 所示的内嵌式三维簇状条形图。

操作步骤

1．选择源数据单元格为：B2:B10,H2:H10。

2．修改坐标轴"主要刻度单位"为 10。

3．修改图表区格式设置为阴影、圆角。

〖任务 7〗在"内嵌图表"工作表中利用张英的各题得分生成如图 5-26 所示的独立的三维饼图。

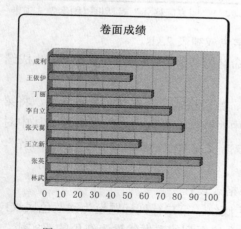

图 5-25　三维簇状条形图图表

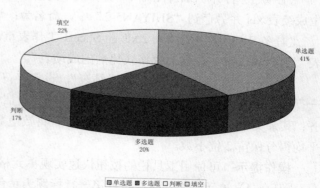

图 5-26　独立三维饼图

操作步骤

1．选择源数据单元格为：B2,D2:G2,B4,D4:G4。

2．在"图表选项"对话框中的"数据标志"选项卡中选择数据标签包括类别名称和百分比。

实验 5-3　数 据 管 理

【实验目的】

1. 掌握数据表的排序。

2. 掌握数据表的自动筛选和高级筛选操作。

3. 掌握数据的分类汇总操作。

【主要知识点】

1. 数据排序。

2. 数据筛选。

3. 数据的分类汇总。

【实验任务及步骤】

在 D 盘根目录下建立"SHIYAN5-3"文件夹作为本次实验的工作目录。启动 Excel，打开"SHIYAN5-1"文件夹中的 EX1.xls，另存为"SHIYAN5-3"中，命名为 EX3.xls，将 EX3.xls 的 Sheet1 工作表中第一行和最后一行数据删除，将工作表 Sheet1 改名为"简单排序"，并将"简单排序"工作表复制 4 份分别改名为"复杂排序"、"自动筛选"、"高级筛选"和"分类汇总"。

〖任务 1〗简单排序。

要求：按实发工资由高到低排序。

操作提示： 选择列标题"工资"，单击工具栏中的 ![降序] 降序按钮即可。

〖任务 2〗组合排序。

要求：按"性别"升序排序，"性别"相同时按"实发工资"降序排序。

操作步骤

1. 选择"复杂排序"工作表，将光标放于数据区，选择"数据→排序"菜单。

2. 在弹出的如图 5-27 所示的"排序"对话框中选择主关键字为"性别"升序，选择次关键字为"实发工资"降序；我的数据区域选择"有标题行"。单击"确定"按钮即可得到如图 5-28 所示的结果。

图 5-27　"排序"对话框

图 5-28　复杂排序结果样张

方法与技巧

1. 只按一个关键字排序时，可选中该列的列名，单击工具栏中的升序或降序按钮即可排序。

2. 排序时涉及两个或以上的关键字时，只能通过"排序"对话框来实现。

〖任务3〗自动筛选

要求：筛选出"住房补贴"低于250的女职工。

操作步骤

1. 选择"自动筛选"工作表，将光标放于数据区，选择"数据"菜单下的"筛选→自动筛选"菜单，此时在数据表中每个列名的右边都出现了一个筛选按钮。

2. 单击"性别"字段的筛选按钮，在该字段的下拉列表中选择"女"，则筛选出了女职工。

3. 再单击"住房补贴"字段的筛选按钮，在该字段的下拉列表中选择"自定义"。在弹出的如图5-29所示的"自定义自动筛选方式"对话框中设置住房补贴小于250，单击"确定"按钮即可得到如图5-30所示的结果。

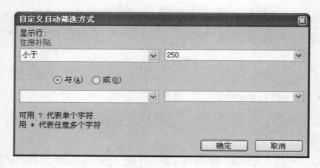

图5-29　"自定义自动筛选方式"对话框

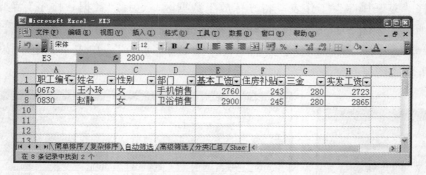

图5-30　"自动筛选"结果样张

〖任务4〗高级筛选。

在"高级筛选"工作表中筛选出住房补贴低于250的女职工和住房补贴高于270的男职工，并将结果复制到A15开始的单元格区域中。

操作步骤

1. 在"高级筛选"工作表中，将 A1:H1 单元格的内容复制到 A11:H11 单元格中；在 C12 单元格中输入"女"，在 F12 单元格中输入"<250"，在 C13 单元格中输入"男"，在 F13 单元格中输入">270"，如图 5-32 所示。

2. 选择菜单"数据→筛选→高级筛选"项，在弹出的如图 5-31 所示的"高级筛选"对话框中，选择"将筛选结果复制到其他位置"，在"列表区域"中输入"$A$1:$H$9"，在"条件区域"输入"$A$11:$H$13"，在"复制到"中输入"$A$15"，单击"确定"按钮完成筛选，得到如图 5-32 所示的结果。

图 5-31 "高级筛选"对话框

	A	B	C	D	E	F	G	H
1	职工编号	姓名	性别	部门	基本工资	住房补贴	三金	实发工资
2	0531	张明	男	冰洗销售	2600	230	280	2550
3	0528	李丽	女	冰洗销售	2800	256	280	2776
4	0673	王小玲	女	手机销售	2760	243	280	2723
5	0648	李亚楠	男	手机销售	2835	215	280	2770
6	0715	王嘉伟	男	厨电销售	3200	280	280	3200
7	0729	张华	男	厨电销售	3100	268	280	3088
8	0830	赵静	女	卫浴销售	2900	245	280	2865
9	0812	黄华东	男	卫浴销售	2780	254	280	2754
10								
11	职工编号	姓名	性别	部门	基本工资	住房补贴	三金	实发工资
12			女			<250		
13			男			>270		
14								
15	职工编号	姓名	性别	部门	基本工资	住房补贴	三金	实发工资
16	0673	王小玲	女	手机销售	2760	243	280	2723
17	0715	王嘉伟	男	厨电销售	3200	280	280	3200
18	0830	赵静	女	卫浴销售	2900	245	280	2865
19								

图 5-32 "高级筛选"结果样张

方法与技巧

1. 做高级筛选时，首先应将数据清单的标题复制到条件区域的第一行，若某字段存在条件则在它的下方输入相应的条件。同一行的条件为"逻辑与"的关系，不同行的条件为"逻辑或"的关系。

2. 在"高级筛选"对话框的"方式"中，若选择"在原有区域显示筛选结果"，则结果将隐藏不满足条件的记录。

〖任务 5〗分类汇总

要求：统计各部门职工的平均实发工资以及职工人数。

操作步骤

1. 在"分类汇总"工作表中，选择"部门"排序（升序、降序都可）。

图 5-33　"分类汇总"对话框

2．选择菜单"数据"→"分类汇总"项，在弹出的如图5-33所示的"分类汇总"对话框中，选择分类字段为"部门"，汇总方式为"平均值"，选定汇总项为"实发工资"，选择"替换当前分类汇总"和"汇总结果显示在数据下方"，单击"确定"按钮，即可统计各部门职工的平均实发工资。

3．选择菜单"数据"→"分类汇总"项，在弹出的"分类汇总"对话框中，选择分类字段为"部门"，汇总方式为"计数"，选定汇总项为"部门"，取消选择"替换当前分类汇总"，单击"确定"按钮，即可得到如图5-34所示的结果。

方法与技巧

1．在做汇总前必须对分类字段进行排序。

2．如果要在分类汇总结果基础上再进行分类汇总，则必须取消选中"替换当前分类汇总"复选框。

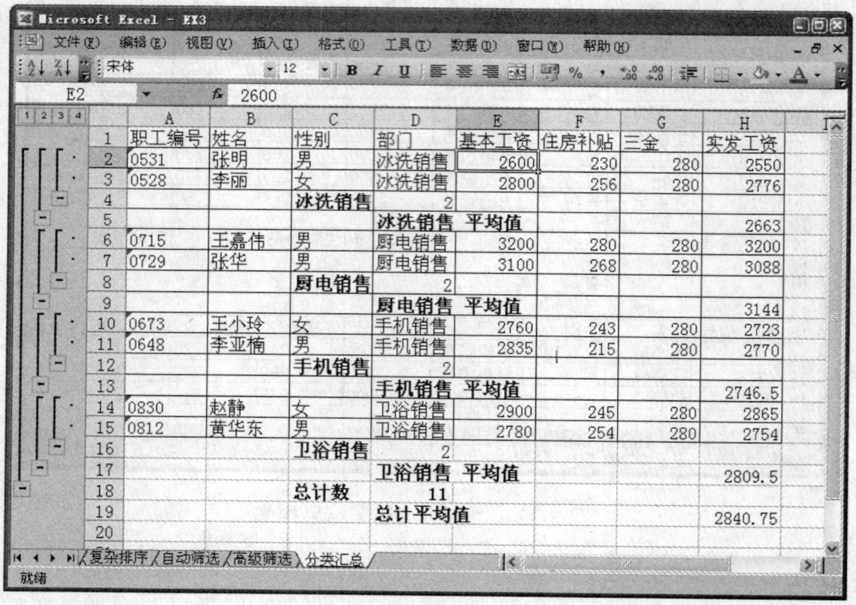

图 5-34　"分类汇总"样张

【自主实验】

启动 Excel，打开"SHIYAN5-1"文件夹中的学生成绩表.xls，另存到"SHIYAN5-3"中，命名为：学生成绩表 3.xls，将学生成绩表 3.xls 的 Sheet1 工作表中第一行和最后一行数据删除，将工作表 Sheet1 改名为"简单排序"，并将"简单排序"工作表复制 4 份分别改名为"复杂排序"、"自动筛选"、"高级筛选"和"分类汇总"。

〖任务 1〗选择"简单排序"工作表，按卷面成绩由高到低排序，样张如图 5-35 所示。

〖任务 2〗按"性别"升序排序，"性别"相同时按"卷面成绩"降序排序，样张如图 5-36 所示。

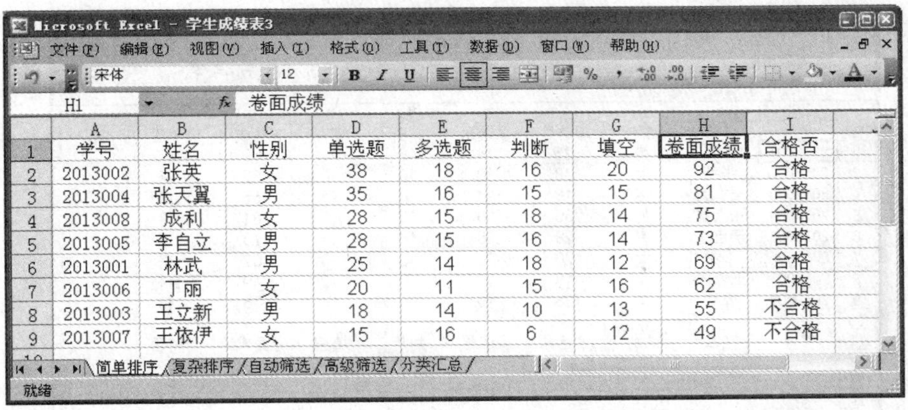

学号	姓名	性别	单选题	多选题	判断	填空	卷面成绩	合格否
2013002	张英	女	38	18	16	20	92	合格
2013004	张天翼	男	35	16	15	15	81	合格
2013008	成利	女	28	15	18	14	75	合格
2013005	李自立	男	28	15	16	14	73	合格
2013001	林武	男	25	14	18	12	69	合格
2013006	丁丽	女	20	11	15	16	62	合格
2013003	王立新	男	18	14	10	13	55	不合格
2013007	王依伊	女	15	16	6	12	49	不合格

图 5-35 学生成绩表简单排序样张

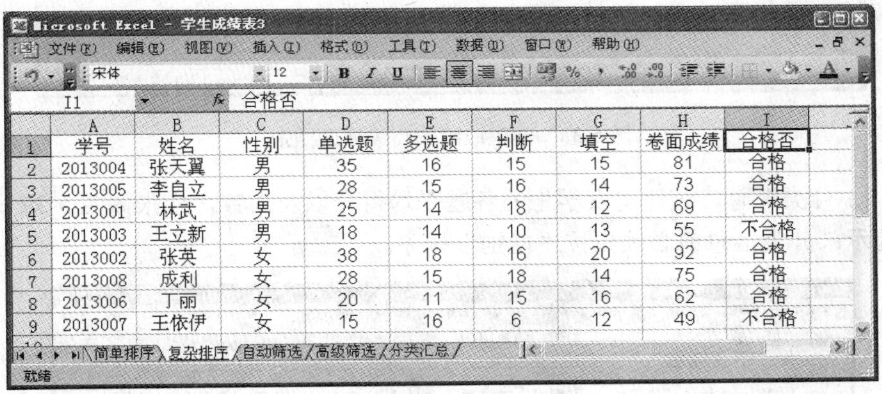

学号	姓名	性别	单选题	多选题	判断	填空	卷面成绩	合格否
2013004	张天翼	男	35	16	15	15	81	合格
2013005	李自立	男	28	15	16	14	73	合格
2013001	林武	男	25	14	18	12	69	合格
2013003	王立新	男	18	14	10	13	55	不合格
2013002	张英	女	38	18	16	20	92	合格
2013008	成利	女	28	15	18	14	75	合格
2013006	丁丽	女	20	11	15	16	62	合格
2013007	王依伊	女	15	16	6	12	49	不合格

图 5-36 学生成绩表复杂排序样张

〖任务 3〗选择“自动筛选”工作表，筛选出“卷面成绩”在 60～70 分之间的学生，样张如图 5-37 所示。

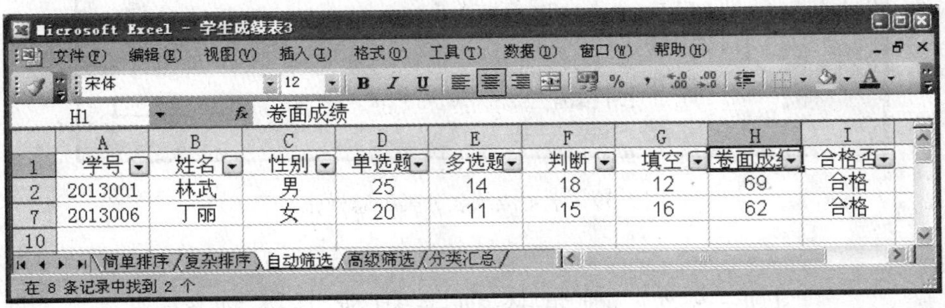

学号	姓名	性别	单选题	多选题	判断	填空	卷面成绩	合格否
2013001	林武	男	25	14	18	12	69	合格
2013006	丁丽	女	20	11	15	16	62	合格

图 5-37 学生成绩表自动筛选样张

操作提示：设置“卷面成绩”自定义筛选方式为“大于或等于 60 与小于或等于 70”。

〖任务 4〗在“高级筛选”工作表中筛选出卷面成绩低于 60 的女生和卷面成绩高于 90 的男生，并将结果复制到 A15 开始的单元格区域中，样张如图 5-38 所示。

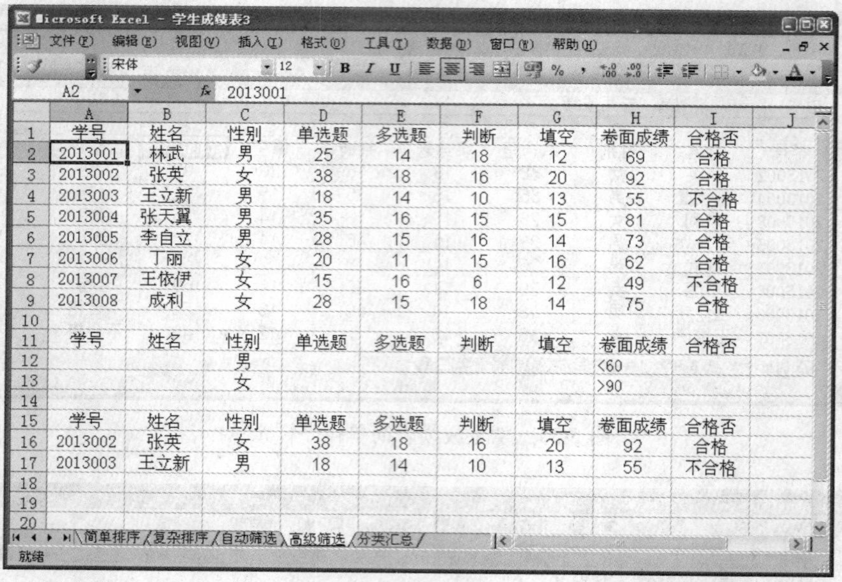

	A	B	C	D	E	F	G	H	I
1	学号	姓名	性别	单选题	多选题	判断	填空	卷面成绩	合格否
2	2013001	林武	男	25	14	18	12	69	合格
3	2013002	张英	女	38	18	16	20	92	合格
4	2013003	王立新	男	18	14	10	13	55	不合格
5	2013004	张天翼	男	35	16	15	15	81	合格
6	2013005	李自立	男	28	15	16	14	73	合格
7	2013006	丁丽	女	20	11	15	16	62	合格
8	2013007	王依伊	女	15	16	6	12	49	不合格
9	2013008	成利	女	28	15	18	14	75	合格
10									
11	学号	姓名	性别	单选题	多选题	判断	填空	卷面成绩	合格否
12			男					<60	
13			女					>90	
14									
15	学号	姓名	性别	单选题	多选题	判断	填空	卷面成绩	合格否
16	2013002	张英	女	38	18	16	20	92	合格
17	2013003	王立新	男	18	14	10	13	55	不合格
18									
19									
20									

图 5-38　学生成绩表高级筛选样张

〖任务 5〗分类汇总，统计男女学生的各题平均得分以及人数，样张如图 5-39 所示。

操作提示：分类汇总前必须先按“性别”排序。

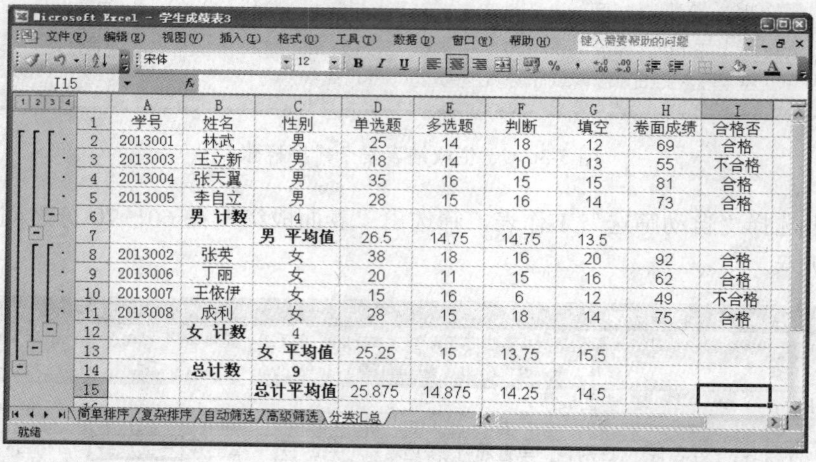

	A	B	C	D	E	F	G	H	I
1	学号	姓名	性别	单选题	多选题	判断	填空	卷面成绩	合格否
2	2013001	林武	男	25	14	18	12	69	合格
3	2013003	王立新	男	18	14	10	13	55	不合格
4	2013004	张天翼	男	35	16	15	15	81	合格
5	2013005	李自立	男	28	15	16	14	73	合格
6		**男 计数**	4						
7			**男 平均值**	26.5	14.75	14.75	13.5		
8	2013002	张英	女	38	18	16	20	92	合格
9	2013006	丁丽	女	20	11	15	16	62	合格
10	2013007	王依伊	女	15	16	6	12	49	不合格
11	2013008	成利	女	28	15	18	14	75	合格
12		**女 计数**	4						
13			**女 平均值**	25.25	15	13.75	15.5		
14		**总计数**	9						
15			**总计平均值**	25.875	14.875	14.25	14.5		

图 5-39　学生成绩表分类汇总样张

实验 5-4　数据透视表和数据透视图

【实验目的】

掌握数据透视表和数据透视图的使用方法。

【主要知识点】

1. 建立数据透视表。

2．建立数据透视图。

【实验任务及步骤】

在 D 盘根目录下建立"SHIYAN5-4"子目录作为本次实验的工作目录。

为实验 5-1 中表 5-1"职工工资表"中数据按照部门统计平均基本工资和平均实发工资建立数据透视表和数据透视图。

〖任务 1〗在 D 盘根目录下的"SHIYAN5-1"子目录中，打开"ex1.xls"工作簿将其另存到"SHIYAN5-4"目录中，命名为"ex4.xls"。对"ex4.xls"表中的数据按照部门统计平均基本工资和平均实发工资建立数据透视表。

操作步骤

1．单击"数据"菜单→选择"数据透视表和数据透视图"命令，如图 5-40 所示。弹出如图 5-41 所示的步骤之 1 对话框。

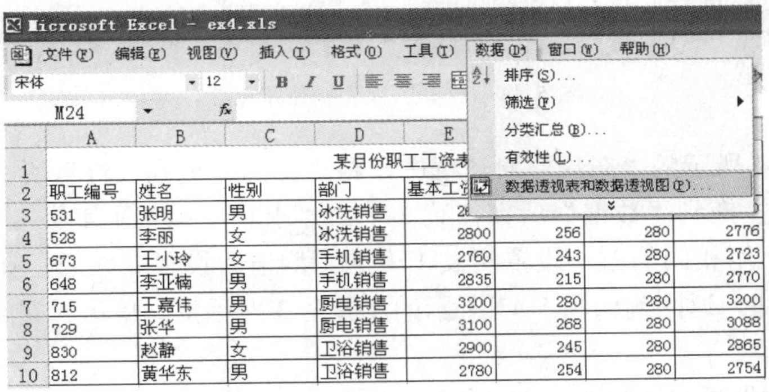

图 5-40　选择"数据透视表数据透视图"命令

图 5-41　数据透视表操作步骤 1

2．在图 5-41 所示步骤之 1 对话框中选择"数据透视表"，单击"下一步"按钮。弹出如图 5-42 所示步骤之 2 对话框，在该对话框中"选定区域（R）："后键入要建立数据透视表的数据源区域"A2：H10"，单击"下一步"按钮，弹出如图 5-43 所示步骤之 3 对话框。

3．在如图 5-43 所示对话框中选择"布局"按钮。弹出如图 5-44 所示"布局"对话框。

图 5-42　数据透视表操作步骤 2

图 5-43　数据透视表操作步骤 3

4．在如图 5-44 所示的"布局"对话框中，将"部门"拖到"行"所在位置，将"基本工资"、"实发工资"拖到"数据"所在位置。单击"求和项：基本工资"，将其改为"平均值项：基本工资"，用相同的方法设置实发工资的平均值。设置完成后，在"布局"对话框中单击"确定"按钮，返回到如图 5-43 所示的步骤之 3 对话框，单击"完成"按钮，完成数据透视表的建立。

5．完成后的数据透视表如图 5-45 所示。

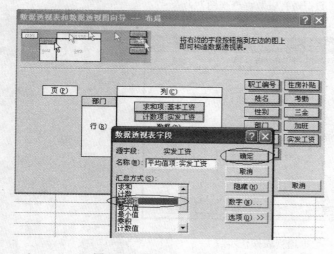

图 5-44　数据透视表布局对话框

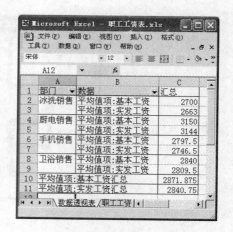

图 5-45　职工工资表数据透视表样张

〖任务 2〗打开"ex4.xls"工作簿，为其中的职工工资表数据按照部门统计平均基本工资和平均实发工资建立数据透视图，并且存放在单独的工作表中，工作表重命名为"工资透视图"。

操作提示：选择"数据→数据透视表和数据透视图"命令，在弹出的对话框中选择"数据透视图"，使用数据透视表类似的方法，即可生产数据透视图。生成的数据透视图，如图

5-46 所示。

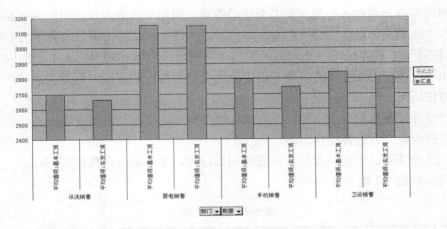

图 5-46　数据透视图样张

【自主实验】

打开实验 5-1【自主实验】中的"学生成绩表.XLS",在"SHIYAN5-4"文件夹中另存为"学生成绩表 4.XLS",在学生成绩表中,分别做男女生总成绩的数据透视表,数据透视图。

实验 5-5　邮件合并

【实验目的】

掌握邮件合并的基本操作。

【主要知识点】

1．在 Word 中建立邮件合并的主文档。

2．在 Excel 中建立邮件合并需要的数据源内容。

3．根据主文档和数据源生成信函,信函文档为 Word 文档。

【实验任务及步骤】

在 D 盘根目录下建立"SHIYAN5-5"子目录作为本次实验的工作目录。

〖任务 1〗在 Word 中建立邮件合并的主文档,文件名为主文档.doc。

文档内容如下:

«姓名»收

培训通知

«称呼»您好:

　　为了提高公司员工的综合素质,提高员工市场销售的业绩,公司聘请明德管理顾问有限公司对我公司员工进行系统培训。«培训时间»的培训计划已经做好,此次您参加的培训课程是«培训课程»,培训地点是«培训地点»。希望您能安排好行程,准时参加这次培训。特此通知。

志高培训中心
2014 年 4 月 30 日

操作步骤

主文档的内容分为固定不变和需要变化的内容。固定不变的内容如通知主要精神、寄件人"姓名"、"落款"、"地址"和"邮政编码"等；本任务主文档中需要变化的内容如收件人"姓名"、"称呼"、"培训时间"、"培训课程"、"培训地点"等。对于固定不变的内容在主文档中准确如实呈现，需要变化的内容一般用数据源表中对应的字段名标题表示。

方法与技巧

在邮件合并之前先建立主文档，一方面可以考察预计文档是否适合使用邮件合并，一方面可以为数据源建立或选择提供思路。

〖任务 2〗在 Excel 中建立邮件合并需要的数据源，文件名为：数据源.xls。

数据内容如表 5-7 所示。

表 5-7　数据源表

职工编号	姓名	性别	姓	称呼	培训课程	培训地点	培训时间
0531	张明	男			职场商务礼仪	新都大酒店	2014 年 5 月 10 日
0528	李丽	女			职场商务礼仪	新都大酒店	2014 年 5 月 10 日
0673	王小玲	女			职场商务礼仪	新都大酒店	2014 年 5 月 10 日
0648	李亚楠	男			大客户销售技巧	新都大酒店	2014 年 6 月 8 日
0715	王嘉伟	男			大客户销售技巧	新都大酒店	2014 年 6 月 8 日
0729	张华	男			大客户销售技巧	新都大酒店	2014 年 6 月 8 日
0830	赵静	女			销售思维导论	新都大酒店	2014 年 7 月 3 日
0812	黄华东	男			销售思维导论	新都大酒店	2014 年 7 月 3 日

操作步骤

1. 在 Excel 中新建表格，输入上表中的原始数据。"职工编号"数据输入时采用文本类型输入；在输入"培训时间"一列数据时建议不要采用日期类型，因为日期类型的数据在邮件合并后的文档中显示格式为 "月/日/年"，不符合中国人的阅读习惯。

2. 填充"姓"和"称呼"两列内容。

首先填充"姓"一列。在表格中选择 D2 单元格，在公式栏中输入"=LEFT(B2,1)"，然后用填充柄向下拖动，完成"姓"一列的填充，如图 5-47 所示。

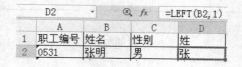

图 5-47　"姓"一列公式填充

然后选择 E2 单元格，在公示栏中输入："=IF(C2="男",CONCATENATE(D2,"先生"),CONCATENATE(D2,"女士"))"，然后用填充柄向下拖动，完成"称呼"列的填充。如图 5-48 所示。

| E2 | ▼ | ② | fx | =IF(C2="男",CONCATENATE(D2,"先生"),CONCATENATE(D2,"女士")) |

A	B	C	D	E	F	G	H
职工编号	姓名	性别	姓	称呼	培训课程	培训地点	培训时间
0531	张明	男	张	张先生	职场商务礼仪	新都大酒店	2014年5月10日

图 5-48　"称呼"一列公式填充

完成后，数据源表内容如图 5-49 所示

	A	B	C	D	E	F	G	H
1	职工编号	姓名	性别	姓	称呼	培训课程	培训地点	培训时间
2	0531	张明	男	张	张先生	职场商务礼仪	新都大酒店	2014年5月10日
3	0528	李丽	女	李	李女士	职场商务礼仪	新都大酒店	2014年5月10日
4	0673	王小玲	女	王	王女士	职场商务礼仪	新都大酒店	2014年5月10日
5	0648	李亚楠	男	李	李先生	大客户销售技巧	新都大酒店	2014年6月8日
6	0715	王嘉伟	男	王	王先生	大客户销售技巧	新都大酒店	2014年6月8日
7	0729	张华	男	张	张先生	大客户销售技巧	新都大酒店	2014年6月8日
8	0830	赵静	女	赵	赵女士	销售思维导论	新都大酒店	2014年7月3日
9	0812	黄华东	男	黄	黄先生	销售思维导论	新都大酒店	2014年7月3日

图 5-49　完成后"数据源表"样张

方法与技巧

1．LEFT(text，number_chars)在 text 文本中选取左边开始的 number_chars 个字符。

2．IF(LOGICAL_TEST,VALUE_IF_TRUE,VALUE_IF_FALSE)功能判断 LOGICAL_TEST 的值，当为真时，返回 VALUE_IF_TRUE，否则返回 VALUE_IF_FALSE。

3．CONCATENATE(TEXT1,TEXT2,……)，将几个文本字符串合并成一个字符串。

〖任务 3〗 根据主文档和数据源制作信函，信函文档以"邮件合并信函.doc"为文件名保存。生成的文档效果如图 5-50 所示。

张明收

培训通知

张先生您好：
　　为了提高公司员工的综合素质，提高员工市场销售的业绩，公司聘请明德管理顾问有限公司对我公司员工进行系统培训。2014 年 5 月 10 日的培训计划已经做好，此次您参加的培训课程是《职场商务礼仪》，培训地点是新都大酒店。希望您能安排好行程，准时参加这次培训。　特此通知。

志高培训中心
2014 年 4 月 30 日

李丽收

培训通知

李女士您好：
　　为了提高公司员工的综合素质，提高员工市场销售的业绩，公司聘请明德管理顾问有限公司对我公司员工进行系统培训。2014 年 5 月 10 日的培训计划已经做好，此次您参加的培训课程是《职场商务礼仪》，培训地点是新都大酒店。希望您能安排好行程，准时参加这次培训。　特此通知。

志高培训中心
2014 年 4 月 30 日

图 5-50　邮件合并信函部分样张

操作步骤

1．确认"数据源.xls"关闭，并且打开之前建立的"主文档.Doc"。选择工具栏→邮件合并工具栏"→显示邮件合并工具栏，如图 5-51 所示。

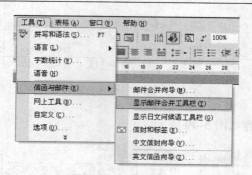

图 5-51　选择邮件合并工具栏

打开后的邮件合并工具栏，如图 5-52 所示：

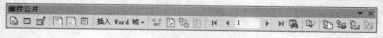

图 5-52　邮件合并工具栏

2．选择邮件合并工具栏中的打开"数据源"，如图 5-53 所示，然后选择刚才建立的"数据源.xls"。

图 5-53　选择"打开数据源"图标

3．在主文档中选择文字"姓名"，然后选择邮件合并工具栏中的"插入域"，如图 5-54 所示。

图 5-54　选择"插入"图标

然后在弹出的"插入合并域"对话框中选择"姓名"，单击"插入"，然后选择"关闭"这样，"姓名"的操作完成。如图 5-55 所示。

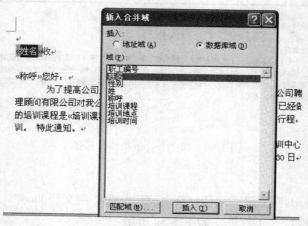

图 5-55　"插入合并域"对话框

按照相同的方法，对"称呼"，"培训时间"，"培训课程"，"培训地点"完成插入域操作。然后保存"主文档.doc"。

4．选择邮件合并工具栏中的"合并到新文档"，如图 5-56 所示，生成批量信函。

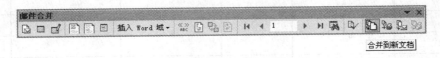

图 5-56　选择"合并到新文档"图标

生成批量信函文件名命名为"邮件合并信函.doc"，信函效果如图 5-50 所示。

方法与技巧

从上述步骤描述可以看到，从数据源中插入的字段都用符号"《》"括了起来，以便与文档中的普通内容相区别；Word 主文档中一个"《》"中的内容，只能取 EXCEL 数据源文件中一列的数据。

实验 5-6　数据有效性和圈释无效数据的设置

【实验目的】

掌握 Excel 中设置数据有效性和圈释无效数据的方法。

【主要知识点】

1．设置数据有效性。

2．圈释无效数据。

【实验任务及步骤】

在 D 盘根目录下建立"SHIYAN5-6"子目录作为本次实验的工作目录。新建表"ex6.xls"对其中数据进行有效性规则设置及验证无效数据圈释。

〖任务 1〗在 ex6.xls 工作簿中建立如表 5-9 所示的数据表的结构，暂不输入数据。对表中各字段的数据区做如下有效性设置。

1．设置职工编号的长度为 4 个字符。

2．设置性别字段只能输入"男"或者"女"。

3．设置基本工资不能低于 2500。

操作步骤

1．建立 Excel 工作簿，文件名为 ex6.xls，在 Sheet1 中输入如表 5-8 所示的数据，并将 sheet1 工作表重命名为"有效性设置"。

2．选定单元格 A2：A9，选择"数据→有效性"命令，如图 5-57 所示。在弹出的"数据有效性"对话框中选择"设置"选项卡，按图 5-58 所示的方式设置职工编号字段长度为 4 个字符。

表 5-8　职工工资表表结构

职工编号	姓名	性别	基本工资	住房补贴	三金

图 5-57　选择"数据→有效性"工具栏

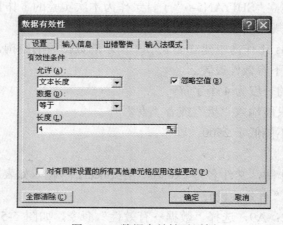

图 5-58　数据有效性对话框

3．选定单元格 C2：C9，选择"数据→有效性"命令，在弹出的"数据有效性"的对话框中选择"设置"选项卡，按图 5-59 中所示的方式设置性别字段只能输入"男"或者"女"。

4．选定单元格 D2：D9，选择"数据→有效性"命令，在弹出的"数据有效性"的对话框中选择"设置"选项卡，按图 5-60 中所示的方式设置基本工资不能低于 2500。

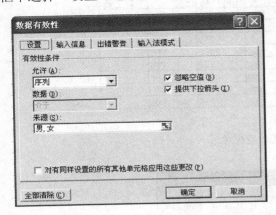 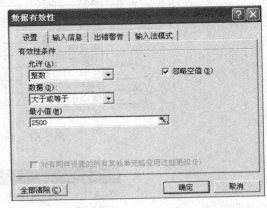

图 5-59 "数据有效性"对话框选择"设置"选项卡　　图 5-60 填充"基本工资"有效性规则

5. 补充完整职工工资表数据，由于"职工编号"、"性别"、"基本工资"三列设置了数据有效性，如果输入有误，会有错误提示，完善后的数据内容如表 5-9 所示。

表 5-9 职工工资表样张

职工编号	姓名	性别	基本工资	住房补贴	三金
0531	张明	男	2600	230	280
0528	李丽	女	2800	230	280
0673	王小玲	女	2760	230	280
0648	李亚楠	男	2835	230	280
0715	王嘉伟	男	3200	230	280
0729	张华	男	3100	230	280
0830	赵静	女	2900	230	280
0812	黄华东	男	2780	230	280

方法与技巧

数据有效性要在数据内容输入前设置，有效性才能体现作用。如果是先有数据，再检验数据是否正确，则需要使用"圈释无效数据"，才能发现错误的数据。

〖任务 2〗使用职工编号字段，验证圈释无效数据操作。

完成〖任务 1〗后"职工编号"字段中已经有了数据，并且设置了有效性规则。规则为"职工编号"字段四位字符，现在验证圈释该字段无效数据，如图 5-61 所示。

操作步骤

1. 由于之前设置了有效性规则，在输入错误的时候就会有错误提示。那么如何输入错误的数据呢？首先需要去掉"职工编号"字段的有效性规则。选定单元格 A2：A9，选择"数据→有效性"命令，在弹出的"有效性"的对话框中选择"设置"选项卡，按图 5-62 所示设置。选择左下角的"全部清除"按钮。这样原有的有效性就取消了。然后选择 A3 单元格将"0528"改为"05"。

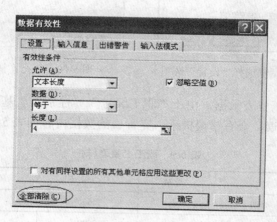

图 5-61　圈释无效数据样张

图 5-62　数据有效性对话框

将已经去掉有效性规则的职工编号字段做如下修改。修改后数据如图 5-63 所示。

2. 按照〖任务 1〗操作提示，重新对职工编号设置有效性，然后，选择"工具→公式审核→显示'公式审核'工具栏"，在弹出的"公式审核工具栏中选择圈释无效数据"如图 5-64所示进行设置。

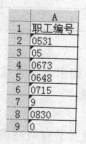

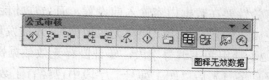

图 5-63　修改后"职工编号"字段内容　　　　图 5-64　选择"圈释无效数据"图标

这时，输入错误的数据就会被圈释出来。如图 5-59 所示。修改错误的数据后，单击"公式审核"工具栏中的"清除无效数据标识圈"按钮，红色圆圈将会清除。

方法与技巧

1. 如果需要圈释其他无效数据，则对该区域数据先进行有效性规则设置，然后单击"圈释无效数据"按钮后，将圈出全部无效数据。

2．数据有效性和圈释无效数据，其实是两种不同的操作。数据有效性是在输入数据前设置，圈释无效数据是在数据输入后找无效数据。

【自主实验】

启动 Excel，打开实验 5-1 完成的学生成绩表.xls，另存为学生成绩表 6.xls，对其字段做如下有效性设置，表内容如表 5-10 所示。

表 5-10　学生成绩表

某班计算机基础成绩表								
学号	姓名	性别	单选题	多选题	判断	填空	卷面成绩	合格否
20130001	林武	男	25	14	18	12	69	合格
20130002	张英	女	38	18	16	20	92	合格
20130003	王立新	男	18	14	10	13	55	不合格
20130004	张天翼	男	35	16	15	15	81	合格
20130005	李自力	男	28	15	16	14	73	合格
20130006	丁丽	女	20	11	15	16	62	合格
20130007	王依伊	女	15	16	6	12	49	不合格
20130008	成利	女	28	15	18	14	75	合格
平均得分			25.875	14.875	14.25	14.5	69.5	

1．设置学号的长度为 8 个字符。

2．设置性别字段只能输入"男"或者"女"。

3．设置字段取值范围：单选题值 0-40，多选题 0-20，判断题 0-20，填空 0-20。

实验 5-7　多工作表的操作

【实验目的】

掌握多工作表的基本操作。

【主要知识点】

1．多工作表操作时单元格的引用。

2．多工作表操作时公式的使用。

【实验任务及步骤】

在 D 盘根目录下建立"SHIYAN5-7"子目录作为本次实验的工作目录。

使用"职工工资表"、"职工考勤表"，完成表 5-11。

表 5-11　职工工资表样张

某月份职工工资表									
职工编号	姓名	性别	部门	基本工资	住房补贴	三金	考勤扣款	加班	实发工资
0531	张明	男	冰洗销售	2600	230	280	0	0	2550

某月份职工工资表									
职工编号	姓名	性别	部门	基本工资	住房补贴	三金	考勤扣款	加班	实发工资
0528	李丽	女	冰洗销售	2800	256	280	230	0	2546
0673	王小玲	女	手机销售	2760	243	280	60	100	2763
0648	李亚楠	男	手机销售	2835	215	280	200	0	2570
0715	王嘉伟	男	厨电销售	3200	280	280	30	0	3170
0729	张华	男	厨电销售	3100	268	280	0	0	3088
0830	赵静	女	卫浴销售	2900	245	280	260	100	2705
0812	黄华东	男	卫浴销售	2780	254	280	660	0	2094

〖任务 1〗建立具有多张相关工作表的工作簿。

操作步骤

1. 打开实验 5-1 中完成的工作簿 ex1.xls 另存为 "SHIYAN5-7" 子目录中的 "ex7.xls" 工作薄，将 Sheet1 重命名为 "职工工资表"，为表添加 "考勤扣款"、"加班费" 两个字段，修改后的表如表 5-12 所示。

表 5-12　职工工资表表结构及部分数据

某月份职工工资表									
职工编号	姓名	性别	部门	基本工资	住房补贴	考勤扣款	三金	加班费	实发工资
0531	张明	男	冰洗销售	2600	230		280		
0528	李丽	女	冰洗销售	2800	230		280		
0673	王小玲	女	手机销售	2760	230		280		
0648	李亚楠	男	手机销售	2835	230		280		
0715	王嘉伟	男	厨电销售	3200	230		280		
0729	张华	男	厨电销售	3100	230		280		
0830	赵静	女	卫浴销售	2900	230		280		
0812	黄华东	男	卫浴销售	2780	230		280		

2. 在 Sheet2 中建立如表 5-13 所示的数据表，工作表重命名为职工考勤表。表中数据如表 5-13 所示。

表 5-13　职工考勤表

考勤记录表				
员工编号	迟到	早退	旷工	加班
0531				
0528		1	1	
0673	2			1

续表

考勤记录表

员工编号	迟到	早退	旷工	加班
0648			1	
0715		1		
0729				
0830	1	1	1	1
0812	2		3	

〖任务 2〗根据职工考勤表的数据填充职工工资表中考勤扣款和加班费等字段的内容。计算方式如下：

1．考勤扣款信息在职工考勤表中，迟到、早退一次扣 30，旷工一次扣 200。

2．加班费信息在考勤记录表中，加班一次 100。

3．重新计算实发工资。

操作步骤

1．职工工资表中考勤扣款的计算。在职工工资表的 G3 单元格输入公式：

=(职工考勤表!B3+职工考勤表!C3)*30+职工考勤表!D3*200，然后用填充柄填充 G4 到 G10 单元格。

2．职工工资表加班费的计算。在职工工资表的 I3 单元格输入公式：

=职工考勤表!E3*100，然后用填充柄填充 I4 到 I10 单元格。

3．计算实发工资。实发工资=基本工资+住房补贴-三金-考勤扣款+加班费。

在职工工资表的 J3 单元格输入公式：=E3+F3-H3-G3+I3，然后用填充柄填充 J4 到 J10 单元格。

方法与技巧

当在当前表要引用其他表的单元格时，表示单元格时前面加表名!单元格地址，如职工考勤表!B3 表示职工考勤表的 B3 单元格。此处要注意，"!"前引用的表名不是表所在工作簿的文件名，是工作表的名称。

【自主实验】

〖任务 1〗打开实验 5-1 生成的"学生成绩表.xls"，另存为"学生成绩表 7.xls"。将 Sheet1 重命名为学生成绩表，为其添加"平时成绩"和"总成绩"两个字段。修改后，如表 5-14 所示。

表 5-14　学生成绩表

某班计算机基础成绩表

学号	姓名	性别	单选题	多选题	判断	填空	卷面成绩	平时成绩	总成绩	合格否
20130001	林武	男	25	14	18	12	69			
20130002	张英	女	38	18	16	20	92			
20130003	王立新	男	18	14	10	13	55			

续表

某班计算机基础成绩表

学号	姓名	性别	单选题	多选题	判断	填空	卷面成绩	平时成绩	总成绩	合格否
20130004	张天翼	男	35	16	15	15	81			
20130005	李自力	男	28	15	16	14	73			
20130006	丁丽	女	20	11	15	16	62			
20130007	王依伊	女	15	16	6	12	49			
20130008	成利	女	28	15	18	14	75			
平均得分			25.88	14.88	14.25	14.50	69.50			

〖任务 2〗将学生成绩表 7.xls 中 Sheet2 重命名为学生考勤表。表中数据如表 5-15 所示。

表 5-15　学生考勤表

某班计算机基础平时成绩表

学号	迟到	早退	旷课	未提交作业	平时成绩
20130001				2	
20130002	1				
20130003		1	2	2	
20130004					
20130005					
20130006		3	1	3	
20130007	1				
20130008					

〖任务 3〗完成学生成绩表和学生考勤表中的数据。计算方式如下：

1．学生考勤表中，平时成绩计算方法：满分 100，迟到或者早退一次，扣 5 分；旷课一次扣 10 分；未提交一次作业扣 10 分。

2．学生成绩表中总成绩的计算方法：总成绩=卷面成绩×0.6+平时成绩×0.4。

3．学生成绩表中合格否的计算方法：如果总成绩>=60 为"合格"，否则"不合格"。

完成后的考勤表内容如表 5-16 所示。

表 5-16　学生考勤表样张

某班计算机基础平时成绩表

学号	迟到	早退	旷课	未提交作业	平时成绩
20130001				2	80
20130002	1				95
20130003		1	2	2	55
20130004					100

某班计算机基础平时成绩表

学号	迟到	早退	旷课	未提交作业	平时成绩
20130005					100
20130006		3	1	3	45
20130007	1				95
20130008					100

完成后学生成绩表的内容为表 5-17 所示。

表 5-17　学生成绩表样张

某班计算机基础成绩表

学号	姓名	性别	单选题	多选题	判断	填空	卷面成绩	平时成绩	总成绩	合格否
20130001	林武	男	25	14	18	12	69	80	73	合格
20130002	张英	女	38	18	16	20	92	95	93	合格
20130003	王立新	男	18	14	10	13	55	55	55	不合格
20130004	张天翼	男	35	16	15	15	81	100	89	合格
20130005	李自力	男	28	15	16	14	73	100	84	合格
20130006	丁丽	女	20	11	15	16	62	45	55	不合格
20130007	王依伊	女	15	16	6	12	49	95	67	合格
20130008	成利	女	28	15	18	14	75	100	85	合格
平均得分			25.88	14.88	14.25	14.5	69.5			

第6章 演示文稿实验

实验 6-1 PowerPoint 基本操作

【实验目的】

1. 掌握演示文稿建立的基本过程。
2. 掌握演示文稿格式化和美化的方法。
3. 掌握幻灯片配色方案的设置。

【主要知识点】

1. 利用"幻灯片版式"制作幻灯片。
2. 在幻灯片中添加各种对象。

【实验任务及步骤】

在 D 盘根目录下建立"SHIYAN6-1"子目录作为本次实验的工作目录。

建立介绍自己家乡的演示文稿,包含 6 张幻灯片,其中的文字颜色自己设定,以"PP1.ppt"为文件名保存。

〖任务 1〗第一张幻灯片的制作。

要求:采用"标题幻灯片"版式,标题为"我的家乡",设置为黑体、72 磅,副标题为"制作人:自己的姓名",设置为楷体、36 磅,样张如图 6-1 所示。

图 6-1　第 1 张幻灯片样式

操作步骤

1．进入 PowerPoint 的工作界面，系统自动新建一个文档，该文档包含一张幻灯片。选择"文件"菜单中的"保存"命令，弹出"另存为"对话框，在"保存位置"下拉列表框中选择文件保存的位置为 D 盘"SHIYAN6-1"文件夹，在"文件名"框中输入文件名："PP1.ppt"。

2．系统默认第一张幻灯片的版式为"标题幻灯片"，单击标题文本框，输入标题："我的家乡"，单击副标题文本框，输入副标题为"制作人：自己的姓名"。

3．按任务要求设置字体格式。

〖任务 2〗第二张幻灯片的制作。

要求：采用"标题、文本和剪贴画"版式，标题为"我的家乡——重庆"，设置为华文楷体、60 磅，文本内容如图 6-2 所示，设置为华文中宋、40 磅，并在指定位置插入任一剪贴画。

图 6-2　第 2 张幻灯片样式

操作步骤

1．选择"插入"菜单的"新幻灯片"命令，选择"格式"菜单的"幻灯片版式"，在启动的"幻灯片版式"区域内选择幻灯片版式为"标题、文本与剪贴画"。

2．单击标题文本框，输入标题："我的家乡——重庆"，单击输入文本的文本框，输入目录。

3．双击添加剪贴画的文本框，弹出"选择图片"对话框，单击"搜索"按钮，找到需要的剪贴画，再单击"确定"按钮。

〖任务 3〗第 3 张幻灯片的制作。

要求：采用"空白"版式，标题为"重庆简介"，采用艺术字，艺术字的样式形状大小自己设定；插入文本框，输入家乡简介的内容，设置为华文新魏、28 磅，文本框底纹设置为浅青绿色，如图 6-3 所示。

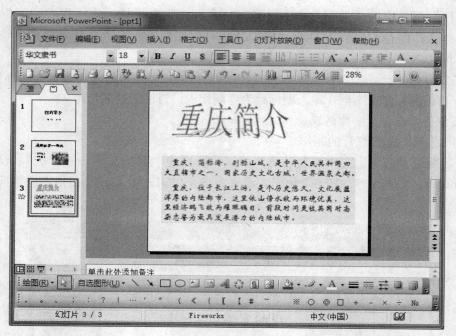

图 6-3　第 3 张幻灯片样式

操作步骤

1．选择"插入"菜单的"新幻灯片"命令，选择"格式"菜单的"幻灯片版式"，在启动的"幻灯片版式"区域内选择幻灯片版式为"空白"。

2．单击"插入"菜单，选择"图片"中的"艺术字"，插入艺术字。单击输入文本的文本框，输入家乡的简介。

〖任务 4〗第 4 张幻灯片的制作。

要求：采用"只有标题"版式，标题输入"家乡美景"，设置为华文新魏、28 磅，华文隶书、54 磅。根据需要插入适当数量的自选图形圆角矩形框，如图 6-4 所示，底纹为橙色，输入家乡的美景，文字设置为华文中宋、24 磅。并插入一张风景照片。

操作步骤

1．选择"插入"菜单的"新幻灯片"命令，选择"格式"菜单的"幻灯片版式"，在启动的"幻灯片版式"区域内选择幻灯片版式为"只有标题"。

2．在"绘图"工具栏上，单击"自选图形"，在"基本图形"中选择"圆角矩形"，光标变成十字光标，在幻灯片适当位置插入圆角矩形，右键单击圆角矩形，在弹出的快捷菜单中选择"添加文本"，即可在圆角矩形框中输入文本。

3．单击"插入"菜单，选择"图片"中的"来自文件"，在弹出的"插入图片"对话框中找到风景照片，单击"插入"按钮。

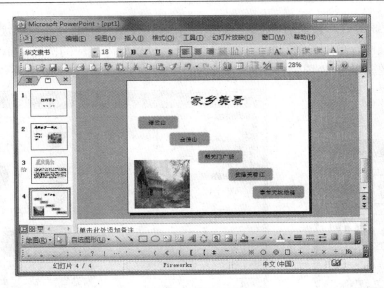

图 6-4　第 4 张幻灯片样式

〖任务 5〗第 5 张幻灯片的制作。

要求：采用"空白"版式，插入如图 6-5 所示的射线图，图示样式为三维颜色。中间的圆圈输入：美食，字体为华文隶书、50 磅，外围的圆圈输入美食名，字体为华文隶书、28 磅。

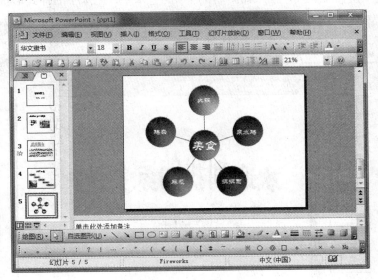

图 6-5　第 5 张幻灯片样式

操作步骤

1．选择"插入"菜单的"新幻灯片"命令，选择"格式"菜单的"幻灯片版式"，在启动的"幻灯片版式"区域内选择幻灯片版式为"空白"。

2．单击"插入"菜单，选择"图示"，在弹出的如图 6-6 所示的"图示库"对话框中选择"射线图"，单击"确定"按钮。

3．插入射线图后，会弹出"图示"工具栏，单击工具栏上的"插入形状"按钮，可以插入一个外围圆圈，单击外围圆圈，按 Delete 键，可以删除相应的圆圈。单击"自动套用格式"按钮，在弹出的"图示样式库"对话框中选择"三维颜色"，如图 6-7 所示。

图 6-6　图示库

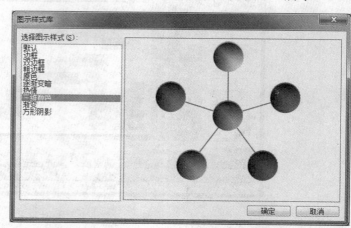

图 6-7　图示样式库

〖任务 6〗第 6 张幻灯片的制作。

要求：采用"空白"版式，插入如图 6-8 所示的艺术字，艺术字的样式形状大小自己设定。

图 6-8　第 6 张幻灯片样式

操作步骤

1．选择"插入"菜单的"新幻灯片"命令，选择"格式"菜单的"幻灯片版式"，在启动的"幻灯片版式"区域内选择幻灯片版式为"空白"。

2．单击"插入"菜单，选择"图片"中的"艺术字"，插入艺术字。单击输入文本的文本框，输入："欢迎到我的家乡做客"。

3．同样的方法再插入艺术字"谢谢观看！"。

【自主实验】

制作一个介绍身边电子产品（比如手机、笔记本电脑、mp3 等）的演示文稿，以"myppt1.ppt"为文件名保存。要求如下：

1．包含至少 6 张幻灯片。

2．至少有 4 种幻灯片版式。

3．幻灯片中的对象包含：文本、图片、艺术字、组合图形、图示、表格、图表等。

4．文稿中文字颜色、字体、字号等自定。

实验 6-2　动画、超级链接及多媒体

【实验目的】

1．掌握设置幻灯片文本内容和图形对象的动画效果。

2．掌握设置幻灯片间切换的动画效果。

3．掌握幻灯片的超链接技术。

4．掌握在幻灯片中插入多媒体对象的方法。

5．掌握放映演示文稿的不同方法。

【主要知识点】

1．插入多媒体对象。

2．添加各种对象的动画效果。

3．插入超链接。

【实验任务及步骤】

在 D 盘根目录下建立"SHIYAN6-2"子目录作为本次实验的工作目录。

本实验对实验 6.1 中的"PP1.ppt"文件进行进一步的格式化处理，主要在幻灯片中插入声音、影片等多媒体对象，并对幻灯片中的各对象添加动画效果，添加超链接。

〖任务 1〗打开 PP1.ppt 演示文稿，在第 1 张幻灯片中插入任一声音文件，要求自动播放，要求音乐的播放从第 1 张幻灯片开始，最后一张幻灯片结束，并且在播放声音时隐藏声音图标。标题添加自定义动画为"进入"下的"向内溶解"效果，副标题添加自定义动画为"底部切入"。

操作步骤

1．打开 PP1.ppt 演示文稿，单击第 1 张幻灯片，再单击"插入"菜单，选择"影片和声音"中的"文件中的声音"，在弹出的"插入声音"对话框中，找到声音文件，单击"确定"按钮，在弹出的对话框中选择"自动"，在幻灯片上出现 图标。右键单击该图标，在弹出

的快捷菜单中选择"自定义动画"，窗口右侧出现如图6-9所示的自定义动画任务窗格。单击声音动画右侧的下拉按钮，选择"效果选项"，弹出如图6-10所示的"播放声音"对话框，对声音开始播放和结束播放作相应设置。单击"声音设置"选项卡，选中"幻灯片放映时隐藏声音图标"前面的复选框，如图6-11所示。

图6-9　"自定义动画"任务窗格

图6-10　播放声音的效果设置

2．右键单击标题文本框，选择"自定义动画"，单击"自定义动画"窗格的"添加效果"按钮，在"进入"菜单中选择"其他效果"，在弹出的如图6-12所示的"添加进入效果"对话框中选择"向内溶解"，单击"确定"按钮。

3．同样的方法将副标题文本框的自定义动画设置为"切入"，然后在"自定义动画"窗格内将"方向"设置为"自底部"。

图6-11　声音设置

图6-12　"添加进入效果"对话框

〖任务 2〗将第 2 张幻灯片中的标题设置动画为：向内溶解；文字设置动画为：扇形展开，将"重庆简介"、"家乡美景"、"美食"与后面的幻灯片建立链接，并在后面的幻灯片中添加返回链接；添加结束动作按钮，如图 6-13 所示；设置图片高度为 12 厘米，宽度为 10 厘米。

图 6-13　添加了超链接和动作按钮的幻灯片

操作步骤

1．单击第 2 张幻灯片，右键单击标题文本，选择"自定义动画"，将其动画效果设置为向内溶解。

2．右键单击文本文字，选择"自定义动画"，单击启动的"自定义动画"区的"添加效果"按钮，在单击"进入"选项下的"其他效果"，在启动的"添加进入效果"区内选择"扇形展开"，单击"确定"按钮。

3．选中"重庆简介"，单击右键选择"超链接"，弹出"插入超链接"对话框，在"链接到"列表框中选择"本文档中的位置"，选择要链接的第 3 张幻灯片，如图 6-14 所示，单击"确定"按钮。同样方法制作"家乡美景"、"美食"与第 4、5 张幻灯片建立链接。

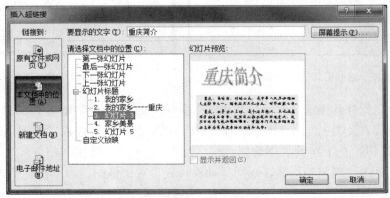

图 6-14　"插入超链接"对话框

4. 单击第 3 张幻灯片，选择"幻灯片放映"菜单中的"动作按钮"，再选择"动作按钮：自定义"，拖动鼠标在幻灯片右上角添加-动作按钮，同时弹出"动作设置"对话框，单击"超链接到"下拉按钮，在下拉列表中选择"幻灯片"，在弹出如图 6-15 所示的"超链接到幻灯片"对话框中选择"2.我的家乡——重庆"，单击"确定"按钮，返回"动作设置"对话框中，再单击"确定"按钮。同样方法，分别制作第 4、5 张幻灯片的返回动作按钮。

图 6-15　"超链接到幻灯片"对话框

5. 在第 3 张幻灯片中右键单击该动作按钮，在弹出的快捷菜单中选择"添加文本"，输入"返回"，颜色、字体与字号等自己设置，如图 6-16 所示。

6. 返回到第 2 张幻灯片，右键单击图片，选择"设置图片格式"，在弹出的"设置图片格式"对话框中，单击"尺寸"选项卡，输入高度为"12 厘米"，宽度为"10 厘米"，如图 6-17 所示，单击"确定"按钮。

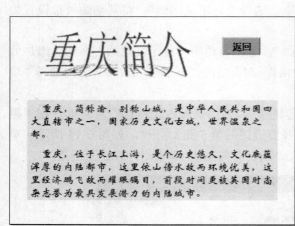

图 6-16　添加了返回链接的第 3 张幻灯片

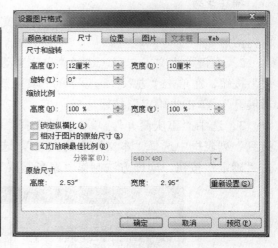

图 6-17　设置图片大小

7. 在第 2 张幻灯片中选择"幻灯片放映"菜单中的"动作按钮"，再选择"动作按钮：结束"，拖动鼠标在幻灯片右上角添加动作按钮，同时弹出"动作设置"对话框，单击"超链接到"下拉按钮，在下拉列表中选择"幻灯片"，弹出"超链接到幻灯片"对话框中选择"6.幻灯片 6"，单击"确定"按钮，返回"动作设置"对话框中，再单击"确定"按钮。

〖任务3〗将第3、4张幻灯片中的各个对象添加自定义动画。

操作方法同前，步骤略。

〖任务4〗插入一空白幻灯片，并在该幻灯片中插入任意影片文件，要求自动播放。

操作步骤

1．选择"插入"菜单的"新幻灯片"命令，选择"格式"菜单的"幻灯片版式"，在启动的"幻灯片版式"区域内选择幻灯片版式为"空白"。

2．单击"插入"菜单，选择"影片和声音"中的"文件中的影片"，在弹出的"插入影片"对话框中，找到需要的影片文件，单击"确定"按钮，再在弹出的对话框中选择"自动"，在幻灯片上出现一个黑色的方框，幻灯片播放后就能播放该视频。

〖任务5〗将所有幻灯片的背景设置为"填充效果——纹理——蓝色面巾纸"。

操作提示：选择"格式"菜单的"背景"命令，在"背景"对话框的"背景填充"区域，单击下拉箭头选择"填充效果"，在弹出的"填充效果"对话框中单击"纹理"选项卡，选择"蓝色面巾纸"，单击"确定"按钮，再单击"全部应用"。

〖任务6〗将最后一张幻灯片设置为"Kimono"模板。

操作提示：单击最后一张幻灯片，选择"格式"菜单的"幻灯片设计"，在"幻灯片设计"区内找到"Kimono"模板，单击该模板右侧的下拉箭头并选择"应用于选定幻灯片"，如图6-18所示。

〖任务7〗将第1张幻灯片的切换方式设置为"新闻快报"，5秒钟后切换到下一张幻灯片，切换速度为中速。

操作提示：单击第1张幻灯片，选择"幻灯片放映"菜单中的"幻灯片切换"，在"幻灯片切换"区内设置，如图6-19所示。

图6-18 幻灯片设计模板应用

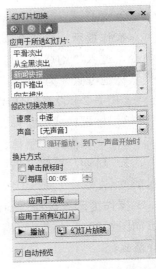

图6-19 设计幻灯片的切换

〖任务 8〗以文件名"PP2.ppt"保存。

操作提示：选择"文件"菜单中的"另存为"命令，弹出"另存为"对话框，在"保存位置"下拉列表框中选择文件保存的位置为 D 盘"SHIYAN6-2"文件夹，在"文件名"框中输入文件名："PP2.ppt"。

【自主实验】

打开"myppt1.PPT"另存为"myppt2.PPT"。要求如下：

1．添加背景音乐，至少插入一段与本产品相关的视频。

2．根据内容添加超链接、动作按钮。

3．设置幻灯片背景，适当选择设计模板。

实验 6-3　PowerPoint 2003 的高级应用

【实验目的】

1．掌握演示文稿设计模板制作的基本过程。

2．掌握母版的使用方法。

【主要知识点】

1．利用"幻灯片版式"制作幻灯片。

2．母版的使用。

3．设置页眉页脚。

【实验任务及步骤】

在 D 盘根目录下建立"SHIYAN6-3"子目录作为本次实验的工作目录。

使用"空演示文稿"新建模板文件，完成设计模板中标题母版与幻灯片母版的设计。

〖任务 1〗设置标题母版的样式。

1．标题样式：字体、字形、字号、颜色自定。

2．副标题样式：字体、字形、字号、颜色自定。

操作提示：启动 PowerPoint 2003，新建一个空演示文稿。选择"视图|母版|幻灯片母版"命令，进入"幻灯片母版"的设计。选择"插入|新标题母版"命令，插入"标题母版"。选择"标题母版"为当前母版，对标题和副标题根据需要进行格式化。

〖任务 2〗设置幻灯片母版的样式。

1．标题样式：字体、字形、字号、颜色自定。

2．文本样式：字体、字形、字号、颜色自定。

3．日期、页脚、数字样式：字体、字形、字号、颜色自定，日期自动更新，页脚为自己的姓名。

操作提示：选择"幻灯片母版"为当前母版，选择"视图"菜单的"页眉和页脚"，弹出如图 6-20 所示的"页眉和页脚"对话框，对标题、文本、日期、页脚、数字，根据需要进行格式化。

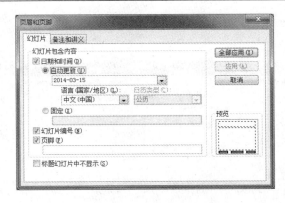

图 6-20 "页眉和页脚"对话框

〖任务 3〗自选一幅图片作为标题母版和幻灯片母版的背景。

操作提示：选择"格式|背景"命令，在"填充效果"对话框的"图片"选项卡中，单击"选择图片"按钮，在"选择图片"对话框中选择路径和图片，单击"插入"按钮返回到"填充效果"对话框，单击"确定"按钮，最后在"背景"对话框中单击"全部应用"按钮。

〖任务 4〗设置母版的动画效果。

1．标题母版的动画：设置标题进入效果为"渐入"，声音为"风铃"；副标题进入效果为"从底部飞入"，在"前一事件"1 秒后产生。

2．幻灯片母版的动画：设置标题进入效果为"颜色打字机"，声音为"激光"；文本进入效果为"螺旋飞入"，在"前一事件"1 秒后产生。

3．设置幻灯片切换效果为"垂直百叶窗"，速度为"慢速"，换片方式为"每隔 5 秒"。

操作步骤

1．选择标题母版为当前母版，选中标题文本，选择"幻灯片放映|自定义动画"命令，在右侧的任务窗格中单击"添加效果|进入"，选中"渐入"。在该动画的下拉列表中选择"效果选项"，如图 6-21 所示，弹出"渐入"对话框，在"声音"下拉列表中选择"风铃"，单击"确定"按钮。选中副标题文本，单击"添加效果|进入"，选中"飞入"，在"方向"下拉列表中选中"自底部"。在该动画的下拉列表中选择"计时"，弹出"飞入"对话框，在"开始"下拉列表中选择"之后"，在"延迟"文本框中输入"1"，单击"确定"按钮。

2．选择幻灯片母版为当前母版，按上述方法设置标题和文本的动画效果。

图 6-21 设置模板的动画效果

3．选择"幻灯片放映|幻灯片切换"命令，打开"幻灯片切换"任务窗格，在列表中选择"垂直百叶窗"，在"速度"下拉列表中选择"慢速"，选中"每隔"复选框，在文本框内输入"00:05"，单击"应用于所有幻灯片"按钮。

〖任务 5〗完成后以文件名"我的模板.pot"保存。

操作提示：选择"文件"菜单中的"另存为"命令，弹出"另存为"对话框，在"保存类型"下拉列表框中选择"演示文稿设计模板",在"文件名"框中输入文件名:"我的模板",如图 6-22 所示。

图 6-22　保存模板的对话框

〖任务 6〗利用模板文件"我的模板.pot"新建一个演示文稿,以"自我介绍.ppt"为文件名保存。

1．第 1 张幻灯片采用"标题幻灯片"版式,标题为"我",副标题为自己的名字。

2．第 2 张幻灯片采用"标题和文本"版式,标题为"自我简介",文本为介绍你中学的概况。

3．第 3 张幻灯片采用"标题和内容"版式,标题为"我的奋斗目标",选择一种合适的图示类型表示。

操作步骤

1．选择"文件"菜单的"新建"命令,在"新建演示文稿"区,选择"本机上的模板",弹出如图 6-23 所示的"新建演示文稿"对话框,在该对话框中找到"我的模板.pot",单击"确定"按钮即新建一个空白演示文稿(PowerPoint 2003 自带的设计模板保存在 C:\Program Files\Microsoft Office\Templates\2052 文件夹中)。

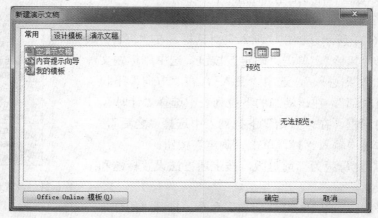

图 6-23　"新建演示文稿"对话框

2．按要求设计 3 张幻灯片。其中第 3 张幻灯片的版式设置为"标题和内容"版式,选择"标题和图示或组织结构图"版式,在幻灯片上单击"插入组织结构图或其他图示"按钮,如图 6-24 所示,在"图示库"对话框中选择需要的图示,根据需要添加文本,设置字符格式等。

图 6-24　"标题和图示或组织结构图"版式

3．保存上述操作，使用"幻灯片放映"观看演示文稿"自我介绍.ppt"。

【自主实验】

〖任务 1〗在新年即将到来之际，请你帮我用 PowerPoint 制作一张节日问候的贺卡。将制作完成的演示文稿幻灯片以"lxppt1.ppt"为文件名保存。要求如下：

1．标题：元旦节的问候，用艺术字；

2．其他文字内容：自己设计新年贺词；

3．图片内容：绘制或插入你认为合适的图形（至少一幅）；

4．文稿中文字、背景等颜色自定；

5．自拟设置各对象的动画效果，播放时延时 1 秒自动出现。

〖任务 2〗小鑫是我的一位小朋友（在读初中），请你帮我用 PowerPoint 制作一张问候他的贺卡。将制作完成的文稿演示幻灯片以"lxppt2.ppt"为文件名保存。要求如下：

1．标题及文字内容：自拟；

2．图片内容：绘制或插入你认为合适的图形（至少一幅）；

3．标题用艺术字、文稿中文字、背景等颜色自定；

4．建立一个能发送给他的电子邮件（邮箱自定）的超级链接按钮；

5．各对象的动画效果自定，延时 1 秒自动出现。

〖任务 3〗请用 PowerPoint 制作主题为"山城重庆"的宣传稿（至少两张幻灯片）。将制作完成的演示文稿以 lxppt3.ppt 为文件名保存。要求如下：

1．标题用艺术字、其他文字内容、模板、背景等格式自定；

2．绘图、插入图片（或剪贴画）等对象；

3．各对象的动画效果自定，延时 1 秒自动出现；

4．幻灯片切换时自动播放，切换样式自定。

〖任务 4〗利用"设计模板"建立演示文稿，具体要求如下：

1．利用"吉祥如意.pot"模板，建立介绍家乡的演示文稿，由至少 4 张幻灯片组成，每张幻灯片中必须有自己的班级和学号、当前日期、编号，选择合适的版式，选择合适的图片、音乐插入适当位置，将结果以"我的家乡.ppt"为文件名保存；

2．第 1 张幻灯片为封面，封面的标题为自己的家乡名，副标题为自己的名字；

3．第 2 张幻灯片介绍家乡的地理位置；

4．第 3 张幻灯片介绍家乡的自然景色；

5．第 4 张幻灯片介绍家乡的民俗文化；

6．其他内容自定；

7．各对象的动画效果自定，延时 1 秒自动出现；

8．幻灯片切换时自动播放，切换样式自定。

〖任务 5〗使用 PowerPoint 制作毕业生个人风采展示演示文稿，文件名为"个人风采.ppt"，将学习、生活与拼搏尽收其中，具体要求如下：

1．第 1 张幻灯片为"标题"幻灯片，标题采用艺术字，主标题可以是"我的空间我作主"，副标题则给出自己的姓名、学院专业及所在学校的名称；

2．第 2 张幻灯片为"标题和文本"幻灯片，副标题分别是我的学习、我的生活、我的拼搏与我的自荐信；

3．制作第 3 张幻灯片，版式自选，以图文并茂形式展示大学四年的学习风貌，在该幻灯片中添加一动作按钮，单击该按钮可以打开文件"成绩表.xls"（自己设计）；

4．制作第 4 张幻灯片，版式自选，以图文并茂形式展示大学四年的生活点滴（具有代表性）；

5．制作第 5 张幻灯片，版式自选，以图文并茂形式展示自己的拼搏精神；

6．为第 2 张幻灯片中的文字设置超级链接，"我的学习"链接到第 3 张幻灯片，"我的生活"链接到第 4 张幻灯片，"我的拼搏"链接到第 5 张幻灯片，"我的自荐信"链接到文件"我的自荐信.doc"（自己设计）。

第 7 章　多媒体实验

实验 7-1　多媒体素材处理

【实验目的】

1．了解常见的图形图像文件类型，掌握图像文件类型的转换。

2．了解并掌握图像的基本编辑方法，如裁剪、翻转、旋转、修改分辨率。

【主要知识点】

1．了解 Alt+PrintScreen 快捷键截屏，从图片中截取需要的区域，图片中添加文字，填充背景色，修改图片分辨率。

2．了解.bmp 文件与.jpg 文件。

3．图形的扭曲、图形的拉伸。

4．图形的旋转、颜色填充。

【实验任务及步骤】

在 D 盘根目录下建立"SHIYAN7-1"子目录作为本次实验的工作目录。

〖任务 1〗截取屏幕图片并设置格式

打开重庆工商大学的校园网主页（www.ctbu.edu.cn），截取校徽图案，添加文字"重庆工商大学"文件并将背景颜色设置为 "浅灰色"，以"校徽.bmp"为文件名，保存成 bmp 格式。

操作步骤

1．在 IE 浏览器中打开校园网主页 www.ctbu.edu.cn，按下键盘上"Alt+PrintScreen"组合键。在"开始"菜单中依次选"程序"→"附件"→"画图"，运行画图程序，在"编辑"菜单中点击菜单项"粘贴"，此时网页就粘贴成了一张图片。

2．单击"选定"□按钮，选中整个校徽图案，如图 7-1 所示。选择"编辑"菜单中的"复制"菜单项。

3．选择"文件"菜单→"新建"，再选择"图像"菜单→"属性"，在对话框中设置：宽度为 180 像素，高度为 110 像素。

4．单击颜色填充按钮，如图 7-2 所示。在颜色板中左键单击浅灰色，然后在空白图片中单击，将背景色设置成为浅灰色。

5．选择"编辑"菜单→"粘贴"，然后将校徽移动到画布的中间位置。

6．在颜色板中左键单击黑色，单击"文字"按钮Ａ，再选定第 2 个透明背景按钮，接下来添加文字"重庆工商大学"，此时文字背景是透明的。

7．选择"文件"菜单→"保存"，保存类型选 24 位位图 bmp。文件名为"校徽.bmp"，保存到"SHIYAN7-1"工作目录。

方法与技巧

1．电脑屏幕上图像信息的截取。

截取屏幕图像的方法很多,比如 QQ 聊天窗口中的"屏幕截图"功能,以及"HyperSnap"等专业软件。如果电脑里没有安装这些软件,利用 Alt+PrintScreen 组合键也可以复制整张图片,再利用 Windows 自带的画图软件截取需要的区域。

图 7-1　选取区域并复制

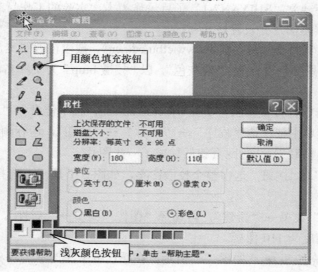

图 7-2　图片的像素

2. 背景透明。

不透明背景按钮 使得当前对象具有自己独立的背景颜色,而透明背景按钮 使得当前对象没有背景色。

〖任务 2〗图片格式转化。

将"校徽.bmp"位图文件格式转换为 jpg 文件格式,文件名为"校徽.jpg"。比较两种格式文件占用磁盘空间的大小。

操作步骤

1. 运行"画图"程序，打开"校徽.bmp"。

2. 选择"文件"菜单→"另存为"，保存类型指定为 JPEG。文件名输入"校徽"。

3. 在"SHIYAN7-1"文件夹中，分别在"校徽.bmp"、"校徽.jpg"上单击鼠标右键，选择"属性"菜单项，在对话框中观察两个文件占用空间的大小。

方法与技巧

图像文件的大小文件存储是指占用磁盘空间的大小。日常运用中，容易把图片文件存储占用磁盘空间大小与图片分辨率大小混淆。图片分辨率是指每英寸图像内有多少个像素点，用 PPI 来表示，计算机中用"水平像素数×垂直像素数"来表示，比如 800×600。一般来说同等条件下，分辨率高，文件占用的磁盘空间也大。

〖任务 3〗绘制立方体。

利用拉升扭曲功能绘制如图 7-3 所示的立方体，以文件名"正方体.bmp"保存在"SHIYAN7-1"工作目录中。

操作步骤

1. 运行"画图"程序，建立空白文件。

2. 单击程序窗口左边的"直线"工具 ＼，在下方选择第二个粗细的线条，再单击"矩形"工具 ▢，在绘图区域左下方绘制一个合适大小的正方形。

3. 单击"选定"按钮 ▢，再单击第 2 个透明背景按钮 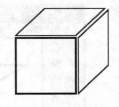，在绘图区选中画好的正方形，使用"编辑"菜单的"复制"及"粘贴"命令得到 3 个同样大小的正方形，如图 7-4 所示。

图 7-3 立方体

4. 选定右边一个正方形，单击"图像"菜单→"拉伸/扭曲"，拉伸水平方向 50%，扭曲垂直方向 45 度，将得到的平行四边形移动到左下方正方形的右边，如图 7-5 所示。

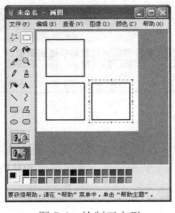

图 7-4 绘制正方形

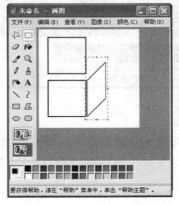

图 7-5 拉伸与扭曲

5. 选定上边的正方形，单击"图像"菜单→"拉伸/扭曲"，拉伸垂直方向 50%，扭曲水平方向 45 度，将得到的平行四边形移动到左下方正方形的上边。

6. 单击"文件"菜单→"保存"，文件名为"正方体.bmp"，保存在"SHIYAN7-1"工作目录。

〖任务 4〗绘制风车。

　　　　利用旋转功能绘制如图 7-6 所示风车，以文件名"风车.bmp"，保存在
"SHIYAN7-1"工作目录。

操作步骤

1. 运行"画图"程序，建立空白文件。

图 7-6　风车

2. 参考任务 3 选择直线工具，并设置线条宽度，绘制一个三角形，再将
该三角形复制成另外三份，如图 7-7 所示。

3. 选中第 2 个三角形，选定透明背景按钮，单击"图像"菜单→"翻转/旋转"，按
一定角度旋转 90 度。参照图 7-6，把该三角形移动到第 1 个三角形旁边。

4. 按照同样的方法，把第 3 个三角形旋转 270°，第 4 个三角形旋转 180°。移动到合
适位置。

5. 单击"椭圆"按钮，在风车中心绘制圆形。

6. 单击"用颜色填充"按钮，在"调色板"上单击合适的颜色，在风车的空白区域
填充颜色。如图 7-8 所示。

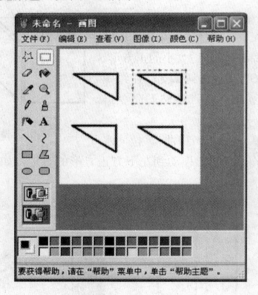

图 7-7　绘制三角形

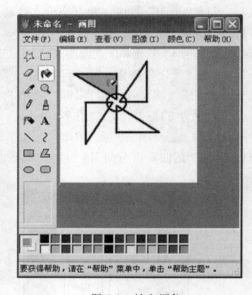

图 7-8　填充颜色

7. 重复步骤 6 将其他空白区域填充颜色。

8. 单击"文件"菜单→"保存"，文件名为"风车.bmp"，保存在"SHIYAN7-1"工作
目录。

实验 7-2　电子相册制作

【实验目的】

1. 掌握 Windows Movie Maker 软件的基本操作，了解电子相册制作过程。

2．了解电子相册制作的一些基本视频特效，过渡特效、字幕制作等。

【主要知识点】

1．Windows Movie Maker 操作界面。

2．素材的分类及导入方法。

3．视屏特效和过渡特效，电子相册的字幕。

4．电子相册的电影文件与项目文件。

【实验任务及步骤】

在 D 盘根目录下建立"SHIYAN7-2"子目录作为本次实验的工作目录。

〖任务 1〗运行 Windows Movie Maker 软件，了解该软件的工作界面。

操作步骤

1．单击"开始"按钮，在"程序"菜单中找到 Windows Movie Maker 选项并单击。

2．熟悉如下图 7-9 所示工作界面，了解每个窗格的作用。

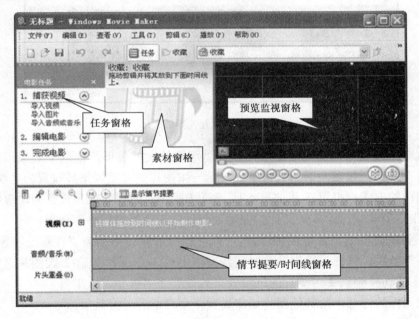

图 7-9　Windows Movie Maker 界面

〖任务 2〗制作电子相册。

准备 7 张图片和一个音乐文件，在素材窗格中导入指定的图片、视频及音乐素材，利用这些素材制作电子相册。

操作步骤

1．单击任务窗格"导入图片"，在对话框中找到相关图片所在文件夹，并选中 7 张图片，单击"导入"按钮，图片将显示在素材窗格中。

2．将素材窗格中的图片依次用鼠标拖动到情节提要窗格中第一行。

3．单击任务窗格"导入音频或音乐"，找到相关音乐所在文件夹，并选中音乐文件，单击"导入"按钮，音乐文件将显示在素材窗格中。

4．将素材窗格中的音乐用鼠标拖动到情节提要窗格中第二行。

5．单击情节提要窗格上方的"显示情节提要"，单击任务窗格中"编辑电影"，再单击"查看视频效果"，此时素材窗格变为"视频效果窗格"，如图 7-10 所示。

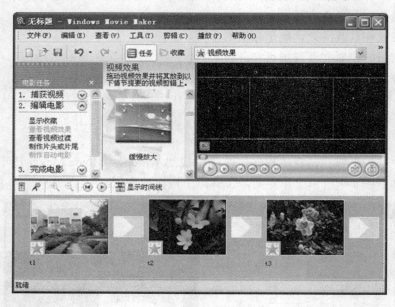

图 7-10　设置视频效果

6．在视频效果窗格，拖动滚动条，找到"缓慢放大"效果，把这个效果用鼠标拖动到"时间线窗格"的第一张图左下角五角星处，第一张图片的视频效果被设置为"缓慢放大"。

7．用同样的方式，把第 3 张、第 5 张、第 7 张图片的视频效果设置为"缓慢放大"效果，把第 2 张、第 4 张、第 6 张图片的视频效果设置为"缓慢缩小"效果。

8．在任务窗格单击"查看视频过渡"，此时视频效果窗格变为"视频过渡窗格"，找到"拆分，水平"效果，将该效果拖动到时间线窗格中第 1 张图片与第 2 张图片之间的方块。此时第 1 张图片切换到第 2 张图片的过渡效果被设置为"拆分，水平"。

9．按照同样的方法，给其他图片依次设置一个合适的过渡效果。

10．单击情节提要窗格上方的"显示时间线"，单击任务窗格中"制作片头或片尾"，出现如图 7-11 所示的界面。

11．制作影片的片头，单击"在电影开头添加片头"，在如图 7-12 所示的界面中单击"更改片头动画效果"，选择"淡化，缓慢缩放"效果，再单击"编辑片头文字"，输入需要的文字"美丽校园"以及自己的学号和姓名；单击"更改文本字体和颜色"，设置字体为"华文行楷"，字体颜色为"橙色"，背景颜色为"浅蓝"。单击"完成，为电影添加片头"。此时片头出现在情节提要窗格第一张图片前边。

12．在情节提要窗格选中第一张图片，点击图 7-11 中的"在选定剪辑之上添加片头"，采用 11 步中类似的方法，为图片添加字幕，文字内容是"浪漫樱花"，动画选"移动片头，分层"。给其他图片增加合适的文字字幕。

图 7-11　制作片头

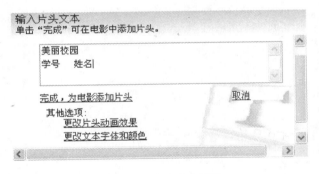

图 7-12　片头文字设置

13．选择"文件"菜单保存项目文件，文件名为"校园相册项目.MSWMM"，保存在"SHIYAN7-2"工作目录。

14．选择"文件"菜单保存电影文件，文件名为"校园.wmv"，保存在"SHIYAN7-2"工作目录。

【自主实验】

〖任务 1〗选择一个你要制作的电子相册的主题，例如：我的大学校园、我的室友、一次郊游活动、一次比赛纪实……，然后利用手机、相机、网络（包括校园网）等多种手段，收集你需要用到的照片和音乐，将它们保存到一个文件夹，并对这些素材进行必要的加工和处理。

操作提示：收集的素材不一定能直接使用，比如照片分辨率不一致，需要调整图片分辨率；长宽比例不一致，需要按统一比例进行裁剪；照片如果颠倒，则需要旋转。

〖任务 2〗将准备好的素材，使用 Windows Movie Maker 制作一个主题明确的电子相册。

请大家充分发挥自己的创意，尽量避免和实验 7-2 雷同。制作电子相册时利用音乐，字幕等烘托气氛，尽量构思作品创意效果，提高作品感染力。要求必须在片头处注明你的名字和学号，制作完成后既要保存.MSWMM 项目文件，也要生成一个.wmv 的成品电影文件。

　　操作提示：保存为.MSWMM 项目文件，主要是考虑到这次任务需要自己动脑筋创作，可能需要多次修改。生成的.wmv 最终成品文件，是不能在其中进行效果修改的。

第8章 网页设计实验

实验 8-1 设计制作简单网站并发布网站

【实验目的】

1. 掌握 Dreamweaver 8 的启动方法，熟悉 Dreamweaver 8 的界面。
2. 掌握网页文件的基本操作（新建、打开、保存等）。
3. 了解网页编辑的 3 种工作环境。
4. 了解网站创建的过程及相关方法。
5. 掌握如何制作简单网页及常用网页元素的添加方法。
6. 了解如何安装 IIS，如何发布，运行网站。

【主要知识点】

1. 创建网站。
2. 网页文件的建立、保存、打开。
3. 网页文件的编辑：页面边距，背景图像，标题，水平线，文字属性，图片的添加与属性设置，背景音乐，编号列表，Flash 图片添加。
4. 发布，运行网站。

【实验任务及步骤】

在 D 盘根目录下建立"SHIYAN8"子目录作为本次实验的工作目录。

〖任务 1〗启动 Dreamweaver 8，熟悉窗口界面及基本操作

操作步骤

1. 点击"开始→所有程序→Macromedia→Macromedia Dreamweaver 8，即可启动 Dreamweaver。
2. 第一次运行会出来一个选择面板，如图 8-1 所示。选默认的"设计器"，点"确定"即可。

图 8-1 Dreamweaver 8 选择面板

3. 接下来开始载入 Dreamweaver，直到出现一个完整的窗口。这个页面称作"起始页"，如图 8-2 所示。中间是新建项目，我们一般选第一个 HTML 普通网页来新建一个空白文档。

启动 Dreamweaver 8 后的窗口界面如图 8-3 所示。

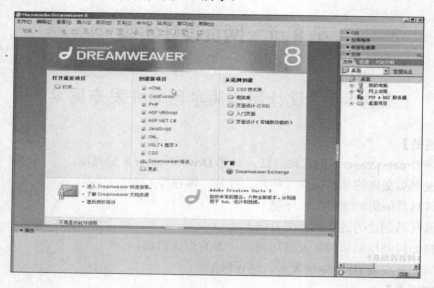

图 8-2　Dreamweaver 8 起始页

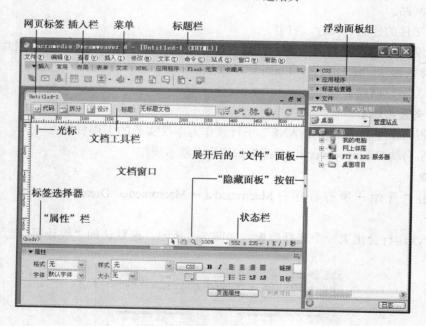

图 8-3　Dreamweaver 8 窗口界面

方法与技巧

1．页面中各种元素属性的设置方法为选定该元素后，在下面的属性面板中设置。

2．工具栏以选项卡的形式出现。

3．可以收起右边和下面的浮动面板以获得更大的操作区域。

4．Dreamweaver 8 提供了编辑网页的三种工作环境：设计视图，代码视图，拆分视图。

〖任务 2〗创建网站。

操作步骤

1．创建网站的目录结构。

在 SHIYAN8 目录中建立目录 myfirstsite，这就是我们的实验网站目录，然后在 myfirstsite
目录下再创建文件夹：file，image，music，photo，video，
web。这些子文件夹用来分门别类地存放各种资源。文件结构
如图 8-4 所示。

2．在 Dreamweaver 中创建站点。

方法一：使用菜单"站点→管理站点→新建站点"命令新
建"myfirstsite"站点。

图 8-4　实验所需目录结构

方法二：文件浮动面板→桌面→管理站点→新建→站点→
新建"myfirstsite"站点。

方法三：文件浮动面板→管理站点→新建→站点→新建"myfirstsite"站点。

上面三种方法分别如图 8-5 所示：

  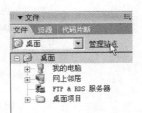

图 8-5　创建站点的三种方法

用上面三种方法都可以调出管理站点的对话框，如图 8-6 所示。在弹出来的对话框"管
理站点"里面，现在还是空的，点击右上角的"新建"按钮，选择"站点"命令，弹出来一
个面板，如图 8-7 所示，现在进行站点的定义，把中间站点的名字改为"myfirstsite"，第二
行的站点地址保持不变，点击"下一步"。

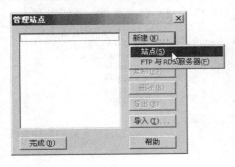 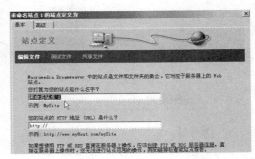

图 8-6　站点管理器　　　　　　　　　　　　　　　　图 8-7　站点定义

在第二个页面中定义站点是否使用服务器技术，如图 8-8 所示，该实验不需要服务器技
术，直接点击"下一步"进入第三页。

图 8-8　定义站点是否使用服务器技术

在第三个页面中出现设置网站保存位置的对话框，如图 8-9 所示。点击右边的文件夹图标，找到自己的文件夹；也可以直接输入进去。

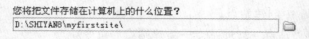

图 8-9　定义站点文件存放位置

在第四个页面中定义是否使用网络服务器，如图 8-10 所示。在中间的"本地/网络"上点一下，弹出一个下拉列表，选择第一个"无"，点击"下一步"继续。

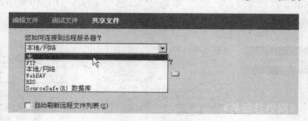

图 8-10　定义是否使用网络服务器

在"总结"页面，显示刚才的设置情况，点击"完成"即可。此时"管理站点"面板里就有了一个站点，如图 8-11 所示，点击"完成"返回。在右边的文件面板中，如图 8-12 所示，也可以看到一个名为"myfirstsite"的站点；而且还列出了该站点目录下的文件夹等资源。

图 8-11　设置好站点后的站点管理器

图 8-12　设置好站点后的文件面板

方法与技巧

1. 可以通过文件面板中的节点快速打开相应网页。

2. 如果同时建立了多个站点，可以通过文件菜单的下拉列表来进行快速切换站点，方便开发者操作相关网页。

〖任务 3〗创建简单网页 work.html。

操作步骤

1. 在 web 文件夹下新建一个名为 work.html 的网页，将网页处于"设计"视图方式下。

2. 在属性面板单击图标 [页面属性...]，在弹出的对话框的"分类"中选中"外观"，然后设置字体大小为 16 像素，背景图像为文件夹"image"中的"bg4.jpg"，并设置"重复"下拉列表框为"重复"，"文本颜色"为"#663300"。左边距 100 像素，右边距 100 像素，上边距 0 像素，下边距不用设置。然后在"分类"中选中"标题/编码"，在右边的标题文本框中输入"班级主页——打工创业"，然后点击"确定"。

3. 点击菜单"插入"→"媒体"→"Flash"。在弹出的对话框选中 video 文件夹中的 logo.swf 后点击"确定"。然后在属性面板中设置属性，高：1000px，宽：150px，对齐："绝对居中"，启动"自动播放"和"循环"复选框。

4. 将下面的文字内容全部录入到 work.html 中。

大学生打工要注意防骗

暑假来临，不少大学生计划在打工中度过一个充实的假期。然而近年来，大学生打工遭遇陷阱的情况屡见不鲜，比如某同学想趁着学校放暑假的时机，找个兼职工作赚点钱。于是用 200 块的会员费，得到一家兼职中介公司的保证：一周内提供第一份工作。但是离他交会费已经过去 2 周，该中介公司电话成了空号，公司大门已经关闭。为此有关人士提醒大学生们，打工之前要具备足够的"避险意识"。常见的陷阱有 5 种。

骗取中介费。一些不规范的中介机构利用大学生尤其是外地留校学生急于利用假期打工的心理，无中生有或以"急招"为幌子引诱学生报名，骗取"信息费""报名费"。

强行收取押金、抵押物。上岗前，大学生往往被要求交纳押金，或被收取身份证、学生证作为抵押物。交钱后，招聘单位又以种种理由让学生回去听消息。有的单位在学生打工结束后，以扣留身份证、学生证相要挟，拒付薪金。此类押金还包括资料费、登记费、服装费和培训费等。

以培训班为诱饵设置陷阱。有企业"举办"模特儿或歌星、影星培训班，然后要学生花大价钱照艺术照参加遴选，最后再找借口说应聘者条件欠缺予以拒绝。

变相传销。传销是目前大学生打工中经常遭遇的陷阱。学生本来是以销售员的名义上岗工作，公司却要求他们必须购进一定数量的商品，不得退货。

针对女学生的求职陷阱。一些不法之徒把目光盯在女大学生身上，利用在校大学生社会经验少、轻易相信人的弱点，进行色情犯罪活动。还有一类陷阱多发生在招聘家教或文秘时，有的女同学不加考虑，单独和对方见面，遭遇危险。

针对参加校外勤工助学的学生可能会出现的安全问题，高校要加强对学生的引导，包括及时向学生公布当地正规劳动中介部门的名单，引导学生到管理完善的劳动力市场去应聘工作。专家指出了大学生假期打工的注意事项。

一是选中介必须看资质。学生打工一定要到有资质、信誉好的职介中心。要看该职介机构是否有劳动部门、人事部门、工商部门颁发的相应证照。

二是名目繁多的押金不要交。用人单位向求职者收取押金属违法行为，扣留身份证、学生证更是不合理的。求职学生遇到此类要求应予回绝，还可向有关部门举报。

三是网络信息别轻信。网络招聘信息大多不"透明"，管理部门监管起来比较困难。如果学生实在想通过网络找工作，千万别轻易将自己的电话留给对方；联系好后一定要对企业进行实地考察，因为很少有企业会直接在网上录用求职者。

四是不要轻信路边小广告上的招工信息。不到不明情况的家庭去做家教。

五是避开高薪陷阱。条件越优厚，薪金越高，越容易出问题，因为天上不会掉馅饼。面对高薪诱惑，大学生要谨慎辨识。

六是签订劳动协议。按规定，打工即便是只干一天，都要与招聘单位签订劳动协议，明确工作的内容、劳动时间、薪金待遇以及支付薪水的周期（通常短工支付的期限不超过半个月）。我国在工资和劳动时间等方面有很多保护劳动者权益的规定，对假期工同样适用。

七是受骗要举报、投诉。学生求职时遇到职介中心提供虚假信息或与用人单位合伙欺诈等，一旦掌握确实证据，可立即向有关部门举报。做家教的女同学第一次到学生家时，最好邀上男同学一起前往，还要将雇主的情况告知家人和好友。

另外在招聘中使用诸如："面试交费用，需要办卡，日结，压身份证（学生证）原件，缴纳稿费等字眼的信息都有陷阱之嫌。"

5．把"插入"栏切换到"html"，将光标置于"大学生打工要注意防骗"后面，单击"插入"栏上的按钮"▤"，插入一个横线。

6．选中"大学生打工要注意防骗"，在属性面板上设置格式为"标题 1"。单击图标"▤"来将其设为居中。单击图标"▢"，然后用吸管取一种蓝色，将字的前景色设为蓝色。单击图标"字体 默认字体 ✓"，将标题的字体设为华文新魏。

7．将光标置于下面文字中，单击菜单"插入"→"图像"（或者把"插入"栏切换到"常用"，单击图标"▣"也可以），在弹出的对话框中，选中文件夹"image"中的"zhaopin1.jpg"，再单击"确定"插入图片，然后在页面选中图片，在属性面板上对齐方式为右对齐，并设置它的宽为 300，高为 200，最后将它移到文字的右角。

8．将光标定位到"暑假来临"的前面，将输入法切换到全角状态，然后通过键盘输入两个空格，给这一段前面设置首行缩进两个字符。其他各段按照同样的方法设置缩进。

9．将光标定位到文字最后，单击回车键换行。

10．插入图片：shouye.jpg，单击图标"▤"将其设为居中显示。回车后再添加一个横线，再添加一行，然后将文字"建议使用 IE5.0 以上版本，1024*768 以上的分辨率浏览本站，版权归个人所有。联系我们：123@163.COM"复制到网页中，然后在属性面板中为这行字设置为居中，字体大小为 12 号。

11．选中"骗取中介费"，在属性面板单击图标"**B**"来将小标题设为粗体。同样将接下来的四段的第一句话设置为粗体。

12．添加背景音乐：切换到"代码"视图，将光标定位到<BODY>和<H1 ALIGN="CENTER" CLASS="STYLE1">的中间，添加"<BGSOUND SRC="../MUSIC/CHIBANG.MP3" LOOP="-1">"，输入的时候会有提示，里面的单词是代码标签，双引号里面是参数值，-1 表示循环播放；再切换到"设计"视图，保存网页，按 F12 预览。

方法与技巧

1．可以通过拖拽文件面板的图片文件到网页中来实现快速插入图片。

2．背景音乐一般为 mp3，midi 格式文件。

〖任务 4〗利用 Dreamweaver 8 上传文件。

操作步骤

1．设置本地服务中网站存放的位置。

选用 Windows 自带的 IIS（Internet 信息服务）来作为本次实验的本地 WEB 服务器，在发布网站之前，先设置本网站在 IIS 中的文件夹。Windows 安装了 IIS 后，在 C 盘根目录下就会有一个文件夹 Inetpub，我们在这个文件夹下创建一个子文件夹"banji"，用于存放发布后的网站。

2．在 Dreamweaver 8 中设置远程服务器信息。

在 Dreamweaver 8 中单击菜单栏中"站点"→"管理站点"命令，打开管理站点对话框。然后选择要上传的站点名称："myfirstsite"，单击"编辑"按钮，打开"站点定义"对话框，切换到"高级"选项，在左侧列表中选择"远程信息"。将访问后面的下拉列表改为："本地/网络"，在下面的远端文件夹中输入："C:\Inetpub\banji"。然后单击"确定"按钮。如图 8-13 所示。

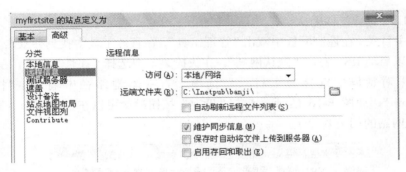

图 8-13　定义站点的远程信息

说明：本次实验是采用的本地的 IIS 做 WEB 服务器，所以可以这样设置。当然，如果是向远端的其他网站上发布，在这一步的设置有所不同，请同学们自己查阅相关资料。

3．上传站点。

（1）在"文件"面板中单击"展开/折叠"按钮" "，打开站点窗口，如图 8-14 所示。如果远端站点没有出现下面的文件夹，可以点击刷新按钮" "就可以出现了。

图 8-14　上传文件前的远端站点

（2）点击 按钮就开始上传文件。在窗口中，左侧显示远程信息，列出了远程的目录（也就是服务器上的目录）；右侧为本地信息，列出了本地目录，如图 8-15 所示。这样就完成了向本机上的 WEB 服务器发布网站。

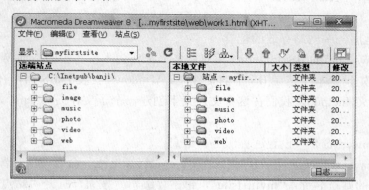

图 8-15　上传文件后的远端站点

说明： 发布完网站后，再单击"展开/折叠"按钮"⬚"，就可以回到 Dreamweaver 的编辑状态。

4．启动 IIS 浏览网页。

（1）设置主目录。在控制面板中双击"管理工具"，在管理工具中找到并双击"Internet 信息服务"就可以启动 IIS。右击"默认网站"，在快捷菜单中选择"属性"命令，在弹出的"默认网站属性"对话框中选择"主目录"选项卡，在本地路径中输入主目录的路径："C:\Inetpub\banji"，如图 8-16 所示。点击"确定"按钮后就可以在"Internet 信息服务"窗口的右边看见网站的相关资源了。

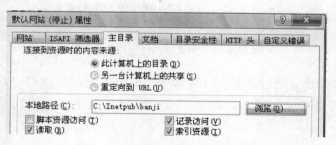

图 8-16　设置默认网站的本地路径

（2）如果默认网站处于"停止"状态，在默认网站上用右键单击，然后在快捷菜单中选择"启动"命令就可以启动网站了，如图 8-17 所示。

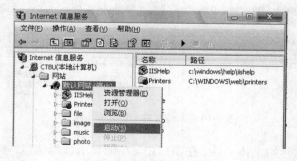

图 8-17　启动默认网站

（3）浏览网页。

① 启动浏览器，在地址栏中输入地址，如：http://localhost/web/work.html，或 http://127.0.0.1/web/work.html 就可以浏览网页了。

说明：IP 地址 127.0.0.1 表明是本地机器，127.0.0.1 也可用 localhost 代替。

② 也可以直接在 IIS 中的 web 文件夹中右击 work.html，在快捷菜单中选择"浏览"命令也可以浏览网页。

实验结果样张

网页 work.html 如图 8-18。

图 8-18　浏览网页 work.html

【自主实验】

〖任务 1〗为 work.html 再添加一张图片 zhaopin4.jpg，将其放置到样张的位置。

〖任务 2〗然后将下面从"一是选中介必须看资质。"到"七是受骗要举报、投诉。"这七段的第一句话设置为粗体。

实验 8-2　图片、文字、表格的编辑

【实验目的】

1．掌握利用表格进行网页布局的方法。

2．掌握表格的各种属性的设置方法。

3．掌握 Flash 按钮的制作方法。

【主要知识点】

1．表格的创建及属性设置。

2．项目列表的设置方法。

3．Flash 按钮的制作方法。

【实验任务及步骤】

以上次建立的"SHIYAN8"子目录作为本次实验的工作目录。

〖任务 1〗利用规则表格创建简单网页 download.html。

操作步骤

1．在 web 文件夹下新建一个名为 download.html 的网页，将网页处于"设计"视图方式下。

2．在属性面板单击图标 [页面属性…]，在弹出的对话框的"分类"中选中"外观"，然后设置背景图像为文件夹"image"中的"bg.gif"，并设置"重复"下拉列表框为"横向重复"，上边距 0 像素。然后在"分类"中选中"标题/编码"，在右边的"标题"文本框中输入"班级主页——下载专区"，然后点击"确定"。

3．单击菜单"插入"→"图像"，在弹出的对话框中，选中文件夹"image"中的"index_2.jpg"，再单击"确定"插入图片，在属性面板上单击图标"≡"将其设为居中显示。

4．将光标置于图片后，单击"插入"栏上的按钮"▓"，插入一个横线。

5．将光标置于横线后两次回车换行，再插入文件夹"image"中的"bar1.jpg"，单击属性面板上图标"≡"将其设为居中显示。

6．将光标置于 bar1 图片后，回车换行，单击菜单"插入"→"表格"。插入一个 1 行 1 列的表格，表格宽度为 1200 像素，边框粗细为 0，单元格边距为 0，单元格间距为 0。点击"确定"后，通过单击表格边缘线来选中表格，在属性面板中设置表格对齐方式为"居中对齐"，表格高 30 像素。

7．在单元格中添加文字"学校文件下载|软件下载|常用表格下载|课程相关下载|计算机二级相关下载|英语相关下载|考研资料|国考资料"。将光标置于单元格内，设置单元格：水平为"居中对齐"，垂直为"居中"，背景颜色为#C9D2CF。

8．回车换行，单击菜单"插入"→"表格"。插入一个 4 行 2 列的表格，表格宽度为 1200 像素，边框粗细为 10，单元格边距为 10，单元格间距为 10。点击"确定"后，通过单击表格边缘线来选中表格，设置表格的高为 635 像素，对齐方式为"居中对齐"，边框颜色为 #C9D2CF。

9．拖动鼠标选中所有单元格，在下面的属性面板上将背景设置为文件夹"image"中的"bar2.jpg"，字体大小设置为 12。对齐方式：水平为"左对齐"，垂直为"顶端"。

10．在第一个单元格里输入"学校文件下载"，再分别输入两行文字，分别是"2012 级普通全日制本科学生转专业实施方案"和"重庆工商大学普通全日制本科学生学籍管理规定"，将"学校文件下载"设置为粗体。选中后两行，单击图标"≣"将其设置为"项目列表"。其他单元格中的内容如样张所示自行完成。

11．将光标置于表格后面，回车后再添加一个横线，然后将引号中的文字"建议使用 IE5.0 以上版本，1024*768 以上的分辨率浏览本站，版权归个人所有。联系我们：

123@163.COM" 录入到网页中，然后在属性面板中为这行字设置为居中，字体大小为 12 号。

方法与技巧

1. 当表格只写了一个单元格的内容时，表格两列的宽度会由 Dreamweaver 自动调整，对此情况不用担心。当写了该行的第 2 个单元格后，两列的宽度可以再自动调整回来。如果暂时不填写该行第 2 个单元格的内容，也可通过手工拖动表格列分隔线来调整列与列之间的宽度。

2. 页面背景图有多种重复方式，可以根据网页的具体情况进行选择。

〖任务 2〗利用不规则表格创建主页 index.html。

操作步骤

1. 在 web 文件夹下新建一个名为 index.html 的网页，将网页处于"设计"视图方式下。

2. 在属性面板单击图标 `页面属性...`，在弹出的对话框的"分类"中选中"外观"，然后设置背景图像为文件夹"image"中的"bg.jpg"，并设置"重复"下拉列表框为"横向重复"，上边距 0 像素。然后在"分类"中选中"标题/编码"，在右边的"标题"文本框中输入"班级主页——首页"，然后点击"确定"。

3. 插入一个 4 行 7 列的表格，表格宽度为 1209 像素，边框粗细为 0，单元格边距为 0，单元格间距为 0。点击"确定"后，通过单击表格边缘线来选中表格，设置表格的高为 674 像素，对齐方式为"居中对齐"。

4. 拖动鼠标选中第一行所有单元格，单击鼠标右键，在快捷菜单中选择"表格"→"合并单元格"将它们合并。将光标置于第一行单元格，将该单元格的高度设置为 156 像素。然后单击菜单"插入"→"图像"，在弹出的对话框中，选中文件夹设置"image"中的"index_2.jpg"，再单击"确定"插入图片，在属性面板上设置对齐方式为"居中对齐"。

5. 将光标置于图片后，回车，单击"插入"栏上的按钮"▦"，插入一个横线。

6. 拖动鼠标选中第二行和第三行的第一个单元格，将它们合并。并设置其高度为 377 像素，宽度 246 像素。在该单元格中插入一个图片，文件夹"image"中的"index_5.jpg"。然后回车，随便添写两行内容，并将其设置为编号列表。此处接下来再插入一张学生本人的照片和自我介绍，要求有自己的名字，班级号，手机号，邮箱等个人相关信息。

7. 将第二行剩下的单元格的高度设置为 50 像素。

8. 将光标置于第二行第二个单元格，点击菜单"插入"→"媒体"→"Flash 按钮"。在弹出的对话框中，按照下图 8-19 所示设置按钮的属性。然后点击"确定"即可插入一个 Flash 按钮。

9. 在属性面板上设置 Flash 按钮的属性，高：21 像素，宽：105 像素。

10. 按照上面的办法依次插入剩下的五个按钮："学习经验"，"班级相册"，"打工创业"，"通讯录"，"下载专区"。

11. 将光标置于第三行第二个单元格，在该单元格中插入一个图片，文件夹"image"中的"index_3.jpg"。然后回车，由学生随便添写两行具有个性的内容。

12. 将光标置于第四行，将第三行的单元格全部合并，高度设置为 85 像素。然后将该单元格的背景设置为文件夹"image"中的"index_4.jpg"。

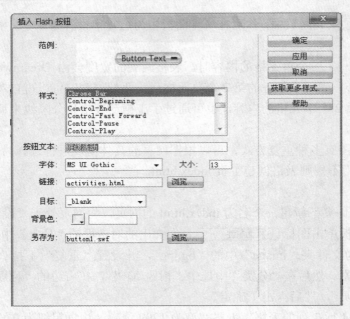

图 8-19　"插入 Flash 按钮"对话框

13．将光标置于表格后面，回车后再添加一个横线，再添加两行，然后将文字"建议使用 IE5.0 以上版本，1024*768 以上的分辨率浏览本站，版权归个人所有。联系我们：123@163.COM"录入到网页中，然后在属性面板中为这两行字设置为居中。

实验结果样张

1．网页 download.html，如图 8-20 所示。

图 8-20　浏览网页 download.html

2．网页 index.html，如图 8-21 所示。

图 8-21　浏览网页 index.html

实验 8-3　制作动态网页

【实验目的】

1．掌握层的应用方法。

2．掌握如何在网页中添加 Flash 按钮，Flash 视频。

3．掌握如何在网页中利用层制作简单的动态效果。

4．掌握超级链接的使用方法。

【主要知识点】

1．层的添加方法。

2．Flash 视频的添加方法。

3．利用层制作动态效果。

4．各种网络链接的设置方法：热点链接，下载链接，锚链接，文字链接，图片链接，邮件链接，站外链接和空链接。

【实验任务及步骤】

以上次建立的"SHIYAN8"子目录作为本次实验的工作目录。

〖任务 1〗利用层制作网页 activities.html。

操作步骤

1．在 web 文件夹下新建一个名为 activities.html 的网页，将网页处于"设计"视图方式下。将页面属性的背景图像设置为文件夹"image"中的"bg.jpg"，并设置"重复"下拉列表框为"重复"，上边距 0 像素。然后在"分类"中选中"标题/编码"，在右边的"标题"文本框中输入"班级主页——班级活动"，然后点击"确定"。

2．插入文件夹"image"中的"index_2.jpg"，并设为居中显示。

3. 将光标置于图片后，回车，单击"插入"栏上的按钮"▀▀"，插入一个横线。

4. 将光标置于横线后，回车换行。插入一个 2 行 1 列的表格，表格宽度为 1200 像素，边框粗细为 0，单元格边距为 0，单元格间距为 0。点击"确定"后，通过单击表格边缘线来选中表格，在属性面板中设置表格对齐方式为"居中对齐"，宽 1200，高 760，对齐方式为"居中对齐"。

5. 在表格第 1 行中添加文字"首 页|班级活动|学习经验|班级相册|打工创业|通讯录|下载专区"。设置单元格：水平为"居中对齐"，垂直为"居中"，背景颜色为#CCCC99，单元格高 65。

6. 将光标置于第 2 行的单元格中，在下面的属性面板上将背景设置为文件夹"image"中的"bg2.jpg"。

7. 光标置于表格外，回车换行，再添加一个横线，将光标置于横线后，回车换行。然后将文字"建议使用 IE5.0 以上版本，1024*768 以上的分辨率浏览本站，版权归个人所有。联系我们：123@163.COM"录入到网页中，然后在属性面板中为这两行字设置为居中。

8. 将"插入"工具栏切换到"布局"，点击"布局"按钮，切换到布局模式，然后点击图标▐▐，这时鼠标变成十字形状，这样在网页左上角蓝色矩形处上绘制一个层。然后通过点击层上的图标"▢"来选定层，然后在属性面板上设置层的属性：宽为 240px，高为 40px。然后由学生添上自己的班级名。例如：2013 旅游管理二班。写好后选中该班级名，在下面属性面板上将字体设置为"华文仿宋"，字体大小为 16，颜色为#FFFFFF。

9. 在表格的第 2 行的空白处绘制一个层，宽：1000px，高：500px。在层里插入一个 1 行 2 列的表格。表格宽度为 900 像素，边框粗细为 0，单元格边距为 0，单元格间距为 0。点击"确定"后，通过单击表格边缘线来选中表格，设置表格的高为 500，对齐方式为"居中对齐"。

10. 将光标放在层里表格的第 1 行第 1 列，然后点击菜单"插入"→"媒体"→"Flash Video"。在弹出的对话框中按照图 8-22 设置属性，然后点击"确定"即可插入一个 Flash 视频文件。注意要将自动播放和自动重新播放两个复选框设置为选中状态。

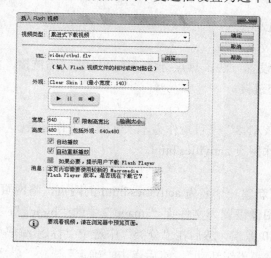

图 8-22 "插入 Flash 视频"对话框

11．在表格的第二列，设置该单元格的宽度为 300px，由学生自己写上相关的文字说明。

12．在网页中任意一个地方创建层（建议在左上角位置）。在创建的层插入 image 文件夹中的 hudie1.gif，依据图像的大小调整层的大小。

13．执行"窗口"|"时间轴"命令，打开"时间轴"面板。选中层，在图标"⊡"上用鼠标右击，选择"记录路径"命令。

14．再单击层图标"⊡"不放，向下拖动，这时会出现灰色的路径。

15．根据前面的方法再创建 2～3 个层，使效果更为完善。

16．在时间轴上调整每一个层的开始时间，使它们的下落时间不同，效果更自然。启动"自动播放"和"自动重新播放"复选框，保存文档，打开浏览器预览就可以看见蝴蝶翻飞的动画了。

〖任务 2〗创建各种链接。

操作步骤

1．创建文档链接。

（1）打开 work.html，切换到"设计"视图下。在标题后回车，然后依次输入："首页→班级活动→学习经验→班级相册→打工创业→通讯录→下载专区"。

（2）用菜单方式为"首页"添加链接：拖动鼠标选中文字"首页"，再单击菜单"插入"→"超级链接"，在弹出的对话框中单击图标▭，然后再选择文件"index.html"，依次单击"确定"（当然也可以用快捷菜单，属性面板和"插入"栏上的按钮来添加链接）。

（3）用单击"指向文件"按钮⊛添加链接：单击扩展按钮▮，保证浮动面板组是展开状态，展开文件面板，拖动鼠标选中文字"班级活动"，将鼠标置于属性面板上链接后的图标⊛上，拖动鼠标到文件面板上的"activities.html"，然后松开鼠标，链接将自动生成。

（4）按照上面介绍的方法依次为"学习经验"，"班级相册"，"通讯录"，"下载专区"添加链接。

2．创建空链接。

在 work.html 中选中"打工创业"，然后在属性面板的链接输入框中输入一个"#"，如图 8-23 所示。

图 8-23　创建空链接

3．创建图片链接。

在 work.html 中选中图片 shouye.jpg，然后在属性面板中将链接设置为文件"index.html"，如图 8-24 所示。

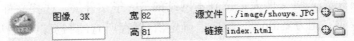

图 8-24　创建图层链接

4．创建站外链接。

打开 index.html。在下面最后一个单元格上添加一个层，在层内输入："友情链接：网易|新浪|重庆工商大学|中国同学录|大渝网"。设置字的属性：大小为 12px。设置层的属性：左为 320 px，上为 580 px，宽为 500 px，高为 25 px。

选定"网易"，在属性面板中输入：http://www.163.com，然后依次为"新浪（www.sina.com.cn），重庆工商大学（www.ctbu.edu.cn），中国同学录（www.5460.net），大渝网（cq.qq.com）"设置链接。请注意：一定要在网站域名前加上 http://，这样才能将站内链接和站外链接区分开来。

5．为首页创建邮件链接。

选中 index.html 文件最后面的"123@163.com"，然后在属性面板上的链接后的输入框内输入：mailto:123@163.com。如图 8-25 所示。

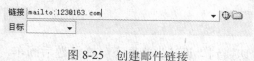

图 8-25　创建邮件链接

6．创建热点链接。

（1）打开 download.html，单击图片 bar1.jpg。

（2）使用属性面板上的矩形热点工具 □ 依次为下列图片加上热点链接。

例：单击矩形热点工具 □，在"首页"上画一个矩形，再单击属性面板上的图标 □，然后再选择文件"index.html"，最后单击"确定"就可以了。然后依次为下列菜单项设置热点链接。

班级活动： activities.html　　　　学习经验： experience.html

班级相册： album.html　　　　　　打工创业： work.html

通讯录： addressbook.html　　　　下载专区： download.html

7．创建锚点链接。

（1）在 download.html 中选中图片 index_2.jpg，单击"插入"栏上的按钮" "，在弹出的对话框中输入锚点的名字"top"，单击"确定"。

（2）将光标置于全文的表格最后，回车。

（3）输入文字"返回顶部"，并将其设为居中对齐。

（4）单击"插入"栏上的按钮" "，在弹出的对话框中单击链接后的下拉列表框，选中其中的"#top"，最后单击"确定"。

8．创建下载链接。

在 download.html 中选中文字"2012 级普通全日制本科学生转专业实施方案"，单击属性面板上链接后的图标 □，将文件夹定位到本网站的 file 子文件夹，选择文件"2012 级普通全日制本科学生转专业实施方案.doc"，单击"确定"。保存所有的网页，然后从首页 index.html 开始预览。

【自主实验】

〖任务 1〗打开 download.html，为"学校文件下载→软件下载→常用表格下载→课程相关下载→计算机二级相关下载→英语相关下载→考研资料→国考资料"，创建锚链接，要求实现点击任何一个选项，网页自动滚动到相应的单元格。

〖任务 2〗要求学生自行收集考研资料，保存到 file 文件夹中，然后在考研资料单元格中添加下载链接。

〖任务 3〗为网页 activities.html 中的导航条添加链接。

【实验结果样张】

网页 activities.html，如图 8-26 所示。

图 8-26　浏览网页 activities.html

【自主实验】

以上次建立的"SHIYAN8"子目录作为本次实验的工作目录。

〖任务〗在掌握使用 Dreamweaver 8 设计网页的方法以后。继续丰富网站"myfirstsite"的内容，自己设计其中的网页："学习经验"，"班级相册"，"通讯录"，对应的网页分别是"experience.html"，"album.html"和"addressbook.html"。

要求：

1．从上面三个网页中选择实现两个网页，网页中的素材自己收集，但网页的内容必须和题目要求一致，而且积极向上。网页布局合理，符合用户习惯操作方式，色彩搭配协调，美观。

2．网页中必须用到不少于 10 种网页元素，如：标题，列表，表格，层，Flash 视频，Flash 动画，Flash 按钮，背景图，背景颜色，背景音乐，字体设置，网页标题设置，超级链接，插入图片，横线等。

3．要求网页的设计和素材能够体现出每个同学自己的特点。

第9章 操作模拟实验

实验9-1 操作模拟实验（第1套）

一、汉字录入（25分）

请在 Word 系统中正确录入如下内容。

要求：

1. 在表格中正确地录入姓名及学号。
2. 文本中的英文、数字按西文方式；标点符号按中文方式。
3. 文件命名为"WORD1.doc"保存在用户盘根目录中。

姓名		学号	

主成分分析

　　追根溯源，主成分分析（PCA）的根来自于矩阵理论中奇异值分解方法。1873 年，意大利几何学家 Beltrami 在他的文章中介绍了奇异值分解方法。随后，1974 年 Jordan，1889 年 Sylvester 和 1911 年 Autonne 也都发现了奇异值分解方法。从此，主成分分析被引入统计学中，用于回归分析、数据降维、去噪以及主成分分析。1901 年，Pearson 介绍了 PCA 并且应用到生物学中，并且重新构造线性回归分析的新表示：三十年代初，Hotelling 在心理计量学中发展了 PCA；1947 年，Karhunen，以及 1963 年的 Loeve 在利用概率论中把 PCA 推广到了无限维空间和连续情况。

　　主成分分析作为基础的数学分析方法，其实际应用十分广泛，比如人口统计学、数量地理学、分子动力学模拟、数学建模、数理分析等学科中均有应用，是一种常用的多变量分析方法。

二、编辑排版操作（25分）

打开"WORD1.doc"文件，以文件名"WORD1-xg.doc"另存于用户盘根目录中。

要求：

1. 标题：小三号、黑体、红色双下划线、居中对齐。
2. 正文：首行缩进两个字符（或0.75厘米），小四号、宋体、两端对齐、1.5 倍行间距。
3. 页面设置：纸型16开、上下页边距各3厘米，左右页边距各2.5厘米。
4. 用学号姓名设置页眉、居中。

三、Excel 操作（20分）

在 Excel 中建立如表 9-1 所示的工作表，并完成以下要求。文件存于用户盘根目录下，文件名为 EXCEL1.xls。

要求：

1. 表格基本数据可以直接输入外，其他数据用公式和函数产生。

2．选择"花费项目"和"二月"两列数据，绘制嵌入式"分离型三维饼图"，在"数据标志"中选择"显示百分比"，图表标题为"花费项目统计"，放到一新工作表并取名为"花费项目统计图"。

表 9-1　一季度个人收支情况表

一季度个人收支情况表			
	每月收入:		1000.00
月份 花费项目	一月	二月	三月
房租	150.00	150.00	150.00
水电	75.00	72.50	65.50
生活费	300.00	350.00	320.00
电话费	125.00	140.00	116.50
零散花费	250.00	500.00	300.00
每月总花费			
每月盈余			
每月是否透支			

四、Windows 基本操作(10 分)

1．在用户根目录下创建如图 9-1 所示目录。

2．将录入的文件"WORD1.DOC"复制到"Word"文件夹下，并更名为"主成分分析法.DOC"。

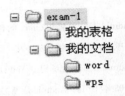

图 9-1　用户创建的目录结构

五、在 PowerPoint 中完成以下操作（10 分）

用 PowerPoint 制作介绍自己这学期学习情况的幻灯片。将制作完成的演示文稿以"学习总结.ppt"为文件名保存于用户盘根目录下。文档内容如下：

标题：本学期学习总结

文字内容：自拟

图片内容：绘制或插入你认为合适的图形（至少一幅，最好为学校的校园图片）

基本要求：

1．幻灯片数目不得少于 5 张。

2．标题用艺术字；文稿用中文字、背景等颜色自定；

3．建立一个能发送 123@163.com 的超链接；

4．各对象的动画效果自定，延时 1 秒自动出现，幻灯切换效果延时 3 秒自动出现。

六、网页制作（10 分）

用 FrontPage 或 Dreamweaver 制作一网页文件，内容是向网友介绍自己家乡的情况，其中要插入相关的图片和文字；另外要插入一剪贴画（或其风景）小图片，并设置浏览网页时，单击该图片可链接到"http://www.china.com"的超级链接，用文件名 test1.HTM（或 test1.HTML）保存到用户盘根目录下面。

实验 9-2　　操作模拟实验（第 2 套）

一、汉字录入（25 分）

请在 Word 系统中正确录入如下内容。

要求：

1．在表格中正确地录入姓名及学号。

2．文本中的英文、数字按西文方式；标点符号按中文方式。

3．文件命名为："android.doc"保存在用户盘根目录中。

姓　名		学号	

Android 操作系统

Android 是一种基于 Linux 的自由及开放源代码的操作系统，主要使用于移动设备，如智能手机和平板电脑，由 Google 公司和开放手机联盟领导及开发。尚未有统一中文名称，中国大陆地区较多人使用"安卓"或"安致"。

Android 操作系统最初由 Andy Rubin 开发，主要支持手机。2005 年 8 月由 Google 收购注资。第一部 Android 智能手机发布于 2008 年 10 月。Android 逐渐扩展到平板电脑及其他领域上，如电视、数码相机、游戏机等。2013 年 9 月 24 日谷歌开发的操作系统 Android 迎来了 5 岁生日，全世界采用这款系统的设备数量已经达到 10 亿台。

二、编辑排版操作（25 分）

打开 android.doc，以文件名"android-xg"另存于用户根目录中。按如下要求进行排版：

1．标题：选择标题 1 样式，居中对齐。

2．绘制适当大小的"云形标注"图形，用两种渐进色设置填充效果，并置于标题文字之下。

3．正文：行间距为 16 磅，首行缩进 1cm，小四号、楷体、两端对齐。

4．页面设置：纸型 16 开、上下页边距 3 厘米，左右各 2.5 厘米。

5．插入一张大小适中的剪贴画，文字紧密围绕在图片的四周。

6．设置页眉为姓名、居中；页脚为页码。

三、Excel 操作（20 分）

在 Excel 中建立如表 9-2 所示工作表，并完成以下要求，文件存于用户盘根目录下，文件名为 EXCEL2.xls。

1．标题隶书加粗、三号、合并居中。

2．公式计算实际金额（为单价的 80%）和合计（为册数*实际金额），结果自动保留 1 位小数。

3．按合计降序排序。

4．边框双线，隔线为虚线。

5．对各类书籍的合计进行三维饼状图形分析。

表 9-2　某书店进书统计表

类名	册数	单价	实际金额	合计
计算机	365	22.5		
中文	250	33.5		
英语	300	18.5		
数学	283	28.8		

四、Windows 基本操作（10 分）

1．在用户盘的根目录下建立文件夹"exam2"，再在文件夹"exam2"中建立两个子文件夹"sub1"和"sub2"；

2．将第三题中的文件 EXCEL2.xls 复制到 sub2 中，并命名为"进书统计.xls"。

五、在 PowerPoint 中完成以下操作（10 分）

请用 PowerPoint 为自己的家乡制作宣传稿，将制作完成的演示文稿以 Myhometown.ppt 为文件名保存在用户盘的根目录下。要求如下：

1．标题用艺术字、其他文字内容、模板、背景等格式自定；

2．绘图、插入图片（或剪贴画）等对象；

3．各对象的动画效果自定，延时 0 秒自动出现；

4．幻灯片切换时自动播放，样式自定；

5．幻灯片数目不得少于 5 张。

六、网页制作（10 分）

用 FrontPage 或 Dreamweaver 制作一网页文件，主题为"我学习的专业"，其中要插入相关的图片和文字；另外要插入一剪贴画（或其他图片），并设置浏览网页时，单击该图片可链接到 http：//www.baidu.com 的超级链接，用文件名 major.HTM（或 major.HTML）保存到用户盘的根目录下。

实验 9-3　操作模拟实验（第 3 套）

一、汉字录入（25 分）

请在 Word 系统中正确录入如下内容。

要求：

1．在表格中正确地录入姓名及学号。

2．文本中的英文、数字按西文方式；标点符号按中文方式。

3．文件命名为："mit.doc"保存在用户盘根目录中。

姓　名		学　号	

麻省理工学院

　　麻省理工学院（英文简称：Massachusetts Institute of Technology）位于美国马萨诸塞州剑桥市，吉祥物是海狸（Beaver），校训是"理论与实践并重"（Mens et Manus），英文翻译是：Mind and Hand. [2]

　　麻省理工学院于1861年由一位毕业于老牌南方名校威廉玛丽学院的著名自然科学家威廉·巴顿·罗杰斯创立，他希望能够创建一个自由的学院来适应正快速发展的美国。由于南北战争，直到1865年MIT才迎来了第一批学生，随后其在自然及工程领域迅速发展。在大萧条时期，MIT曾一度被认为会同哈佛大学合并，但在该校学生的抗议之下，被迫取消了这一计划。

二、编辑排版操作（25分）

打开mit.doc，以文件名"mit-xg.doc"另存于用户根目录中。按如下要求进行排版：

1．标题：小三号、黑体、红色双下划线、居中对齐；

2．正文：首行缩进两个字符（或0.75厘米）、小四号、宋体、两端对齐、行间距18磅；

3．页面设置：纸型16开、上下页边距3厘米，左右各2.5厘米；

4．将正文进行分栏设置：三栏、栏宽相等、加分隔线；

5．插入艺术字"理论与实践相结合"，大小约为4厘米*5厘米、文字围绕在艺术字的四周。

三、Excel操作（20分）

在Excel中按以下要求完成，文件存于用户盘根目录下，文件名为Excel3.xls。

1．按图9-2建立表格，其中外框线用实线，内框线用虚线。

2．标题黑体、三号居中。

3．用公式计算每人的实发工资和各工资栏合计，公式为实发工资=基本工资+政策补贴-扣款。

4．按实发工资降序排序，表头居中对齐。

5．边框粗黑，隔线为虚线。

工资表

姓　名	基 本 工 资	政策补贴	扣　款	实发工资
王红军	1086.85	67.00	112.45	
尚小婷	675.25	69.00	84.00	
方士良	1125.85	120.00	135.25	
合　计				

图9-2　工资表

四、Windows 基本操作（10 分）

1．在用户盘根目录下分别以自己的姓名和学号建立两个一级文件夹，并在学号文件夹下再建立两个二级文件夹"AAA"和"BBB"；

2．将前面的 mit.doc 和 Excel3.xls 文件复制到已建的"AAA"文件夹中；

3．将 AAA 文件夹下的 mit.doc 更名为"麻省理工学院.doc"。

五、在 PowerPoint 中完成以下操作（10 分）

用 PowerPoint 为朋友令狐冲制作一张生日贺卡。将制作完成的演示文稿以 birthday.ppt 为名保存在文件夹"AAA"中。文档内容如下：

标题：生日快乐！

文字内容：

衷心祝愿：

生日快乐，天天开心！

并愿我们的友谊地久天长！

图片内容：绘制或插入你认为合适的图形、图片。

要求：

1．标题采用艺术字；

2．模板、文稿中的文字、背景、图片等格式自定；

3．各对象的动画效果自定，延时 2 秒自动出现。

4．幻灯片数目不得少于 5 张。

六、网页制作（10 分）

用 FrontPage 或 Dreamweaver 制作一网页文件，主题为"麻省理工学院简介"，其中要插入相关的图片和文字（文字可使用第一题录入的文字）；另外要插入一剪贴画（或其他图片），并设置浏览网页时，单击该图片可链接到 http://www.mit.edu 的超级链接，用文件名 about.HTM（或 about.HTML）保存到用户盘的根目录下。

实验 9-4　操作模拟实验（第 4 套）

一、汉字录入（25 分）

请在 Word 系统中正确录入如下内容。

要求：

1．在表格中正确地录入姓名及学号。

2．文本中的英文、数字按西文方式；标点符号按中文方式。

3．文件命令为"File.doc"保存在用户盘根目录中。

姓　名		学　号	

文件的基本概念
文件是 Linux 用来存储信息的基本结构，它是被命名的存储在某种介质（如磁盘、光盘）上的一组信息的集合。文件名是文件的标识，它由字母、数字、下划线和圆点组成的字符串来构成。Linux 要求文件名的长度限制字 255 个字符以内。 　　为了便于管理和识别，用户可以把扩展名作为文件名的一部分。圆点用于区别文件名和扩展名。扩展名对于将文件分类是十分有用的。例如，C 语言编写的源代码文件总是具有 C 的扩展名。

二、编辑排版操作（25 分）

打开 "File.doc"，以文件名 "File-xg.doc" 另存于用户盘根目录中。按如下要求进行排版：

1．纸张大小 B5，上下页边距各为 2 厘米，左右页边距各为 2 厘米；

2．标题设置：将标题文字改成黑体艺术字，大小适中，正文设置：楷体、四号、首行缩进 2 字符；

3．将正文第一段复制到文本末尾，把新产生的段落中所有 "文件" 一词改为红色，加着重号，字符间距加宽 3 磅；

4．第一段首字下沉 2 行，字体隶书；

5．在页眉中任意插入一张剪贴画，大小 3×3cm。

三、Excel 操作（20 分）

在 Excel 中建立如表 9-3 所示工作表，并完成以下要求。文件存于用户盘根目录下，文件名为 "Excel4.xls"。

1．将 A1：F1 单元格合并，并输入标题（楷体，加粗，16 磅，居中）；

2．正文：楷体加粗 12 磅，标题行汉字宋体加粗，设置边框仅四周双线、中间虚线及黄色底纹；

3．利用公式计算成绩（平时占 10%、半期占 20%、期末占 70%）栏，对小数后第 1 位四舍五入；按成绩降序排序。

表 9-3　学生成绩表

姓　名	性　别	平　时	半　期	期　末	成　绩
张立郦	女	85	82	78	
程嘉舒	女	90	71	68	
李欣欢	男	93	85	87	
邹　弥	女	95	88	90	
白浩凌	男	70	55	79	

四、Windows 基本操作（10 分）

1．在用户根目录下，建立用户姓名文件夹和学生证号文件夹，如下所示。

```
用户根目录\ ┌── XXX（XXX表示本人姓名）
            └── XXXXXX（XXXXXX表示本人的学生证号）
```

2．将文件"Excel4.xls"属性设为只读。

3．将文件"file.doc"重命名为"文件.doc"

五、在 PowerPoint 中完成以下操作（10 分）

用 PowerPoint 制作一张新年贺卡。将制作完成的演示文稿以 newyear.ppt 为名保存在以姓名命名的文件夹中。要求如下：

1．标题：新年快乐，用艺术字。

2．其他文字内容：祝张三新年快乐！

3．图片内容：绘制或插入你认为合适的图形（至少一幅）。

4．文稿中文字、背景等颜色自定。

5．自拟设置各对象的动画效果，播放时延时 1 秒自动出现。

六、网页制作（10 分）

用 FrontPage 或 Dreamweaver 制作一网页文件，内容是向用人单位推荐自己的情况，其中要插入相关的图片和文字；另外要插入一剪贴画（或图片），并设置浏览网页时，单击该图片可链接到电子邮件"123@123.com"的超级链接，用文件名 resume.HTM（或 resume.HTML）保存到用户盘根目录下面。

实验 9-5　操作模拟实验（第 5 套）

一、汉字录入（25 分）

请在 Word 系统中正确录入如下内容。

要求：

1．在表格中正确地录入姓名及学号。

2．文本中的英文、数字按西文方式；标点符号按中文方式。

3．文件命令为："test5.doc"保存在用户盘根目录中。

姓　名		学号	

货币政策

　　1995 年前，我国为了实现经济管理体制转型，大力提高国民经济实力，长期都主要选择"稳定货币，发展经济"作为货币政策目标，侧重于发展经济。但是，在经济快速增长的过程中，1998 年和 1994 年出现了严重的通货膨胀，稳定币值成为了中央银行的头等大事，所以，1995 年颁布的《中华人民共和国中国人民银行法》第三条中明确规定，我国中央银行货币政策的最终目标定格为"保持货币币值的稳定，并以此促进经济增长。"

　　当然，随着我国未来经济形势的发展变化和改革开放程度的加深，中央银行货币政策最终目标也会做相应的调整，以适应经济发展和宏观调控的需要。

二、编辑排版操作（25 分）

打开"test5.doc"，以文件名"test5-xg.doc"另存于用户盘根目录中。按如下要求进行排版

1．排版设计

纸张：16 开；左右页边距均为 2cm，上下页边距均为 3cm；

标题：黑体二号，居中对齐，段前段后各间隔 20 磅；

正文：楷体小四号，两端对齐，行间距为 12 磅，首行缩进 2 个字符；

2．将所有"银行"一词替换为"Bank"Arial、四号、红色、斜体；

3．在内容右下方绘制"五星"图形（用两种渐进色设置填充效果），置于文字之下。

三、Excel 操作（20 分）

在 Excel 系统中按以下要求完成，文件存于用户盘根目录下，文件名为 Excel5.xls。

1．建立如图 9-3 所示的表格，要求四周双边框线、中间单边框线，第 2 行最右 1 列加斜线。

2．计算销售总值；按销售总值降序排序，输入排名。

3．按电视机、电脑和数码相机三种商品四个季度的销售情况制作柱形统计图表。

红华商场 2013 年度商品销售统计表						
制表时间：2014-01-10						
名称	第一季	第二季	第三季	第四季	销售总值	排名
电视机	434	340	510	446		
电脑	260	555	210	600		
冰箱	50	41	20	13		
手机	523	356	150	230		
数码相机	388	357	411	365		

图 9-3　红华商场 2013 年度商品销售统计表

四、Windows 基本操作（10 分）

1．在用户根目录下创建结构如下所示的目录。

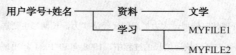

2．将文件"test5.doc"移动到"MYFILE1"文件夹下。

五、在 PowerPoint 中完成以下操作（10 分）

按如下要求制作一张幻灯片。

1．标题为"静夜思"，选择适当的艺术字形式。

2．内容为"床前明月光，疑是地上霜。举头望明月，低头思故乡。"

3．图片内容：绘制或插入你认为合适的图形（至少一幅）。

4．文稿中文字、背景等颜色自定。

5．自拟设置各对象的动画效果，播放时延时 1 秒自动出现。

六、网页制作（10 分）

用 FrontPage 或 Dreamweaver 制作一网页文件，主题是介绍诗仙李白，另外要插入一剪贴画（或图片），并设置浏览网页时，单击该图片可链接到网站"www.163.com"，用文件名 about-libai.HTM（或 about-libai.HTML）保存到用户盘根目录下面。

实验 9-6　操作模拟实验（第 6 套）

一、汉字录入（25 分）

请在 Word 系统中正确录入如下内容。

要求：

1．在表格中正确地录入姓名及学号。

2．文本中的英文、数字按西文方式；标点符号按中文方式。

3．文件命名为："test6.doc"保存在用户盘根目录中。

姓　名		学号	

再贴现政策

　　再贴现政策是指中央银行通过正确制定和调整再贴现率来影响市场利率和投资成本，从而调节货币供给量的一种货币政策工具。一般包括两个方面的内容：一是再贴现率的规定和调整；二是规定再贴现的资格。

　　再贴现政策是国外央行最早使用的货币政策工具，早在 1873 年，英国就用再贴现率调节货币信用。美国的贴现率制度始于 20 世纪 30 年代，1946 年美国《就业法》确定了统一的官方贴现率。20 世纪 70 年代初，日本开始频繁调整官方贴现率调节社会信贷总量。

　　再贴现政策既能起到引导信贷注入特定领域以增加流动性总量的作用，又能对社会信用结构、利率水平、商业银行资产质量等方面发挥调节作用。

二、编辑排版操作（25 分）

打开"test6.doc"，以文件名"test6-xg.doc"另存于用户盘根目录中。按如下要求进行排版。

1．排版设计。

纸张：16 开；左右页边距均为 1.8cm，上下页边距均为 2.8cm；

标题：隶书二号，居中对齐，段前段后各间隔 25 磅；

正文：楷体小四号，两端对齐，单倍行距，段间距为 15 磅，首行缩进 2 个字符；

2．将正文第 2 段的"再"字首字下沉，占 2 行、仿宋体、四号、蓝色、粗体。

3．在内容右下方绘制"笑脸"图形（用红色、浅青绿色渐变效果填充），置于文字之下。

三、Excel 操作（20 分）

在 Excel 中建立如图 9-4 所示工作表，并完成以下要求。文件存于用户盘根目录下，文件多为 Excel6.xls。

1．要求表格四周实边框线、中间虚边框线。

2．计算实发工资，实发工资=基本工资+津贴+奖金-公积金。

3．选中员工李丽，并制作三维饼图作为对象插入工作表中，如图 9-5 所示。

ABC公司职工工资表						
职工号	姓名	基本工资	津贴	奖金	公积金	实发工资
20365	周尔杰	882	213.5	115	90	
20528	王雨	1562	283	144	140	
10234	李丽	1306	223	115	120	
20458	李长新	1748	302	156	160	
20636	郑然	864	143	98	70	

图 9-4　ABC 公司职工工资表

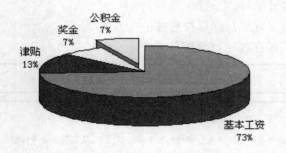

图 9-5　员工李丽工资构成

四、Windows 基本操作（10 分）

1．在用户根目录下创建结构如下所示的目录。

```
用户学号+姓名 ── 学习科目 ── 金融
               ── 数据分析
               ── 我的作业
```

2．将文件"test6.doc"复制到"我的作业"文件夹下，并重命名为"再贴现政策.doc"。

五、在 PowerPoint 中完成以下操作（10 分）

用 PowerPoint 制作介绍学校情况的幻灯片。将制作完成的文稿演示幻灯片以 JSJ6.ppt 为文件名存在"我的作业"文件夹中。要求如下：

1．标题：我的大学校园，用艺术字。

2．文字内容：自拟。

3．图片内容：绘制或插入你认为合适的图形（至少一幅，最好为学校的校园图片），文稿中文字、背景等颜色自定。

4．建立一个能发送 123@123.com 的超链接。

5．各对象的动画效果自定，延时 1 秒自动出现，幻灯切换效果延时 3 秒自动出现。

6．幻灯片数目不得少于 5 张。

六、网页制作（10 分）

用 FrontPage 或 Dreamweaver 制作一网页文件，主题是介绍再贴现政策，文字由第一题的"test6.doc"复制粘贴而来，另外要插入一剪贴画（或图片），并设置浏览网页时，单击该图片可链接到网站"www.bank.com.cn"，用文件名 about.HTM（或 about.HTML）保存到用户盘根目录下面。

实验 9-7 操作模拟实验（第 7 套）

一、汉字录入（25 分）

请在 Word 系统中正确录入如下内容。

要求：

1．在表格中正确地录入姓名及学号。

2．文本中的英文、数字按西文方式；标点符号按中文方式。

3．文件命名为"test7.doc"保存在用户盘根目录中。

姓　名		学　号	

米老鼠

米奇老鼠（又称米老鼠或米奇，Mickey Mouse）是华特·迪士尼（Walt Disney）和 Ub Iwerks 于 1928 年创作出的动画形象，迪士尼公司的代表人物。

1928 年 11 月 18 日，随着米奇老鼠的首部电影短片《汽船威利号》在殖民大戏院（Colony Theater）上映，米奇老鼠的生日便定为了那天。米老鼠在 1928 年至 1946 年都是由华特·迪士尼亲自配音，1946 年起由吉姆·麦当劳取而代之，1983 年起由 Wayne Allwine 配音，他是麦当劳先生早期的助手。他的感召力和友善使他成为妙妙屋的中心人物，而他的亲切和丰富情感使他成为史上最受欢迎的卡通形象。

对米奇最高的致敬之一，出自于华特·迪士尼本人口中。他在一个电视节目中，讨论到自己公司时表示："我只希望我们永远不会忘记一件事：那就是这里所有的一切都是由一只老鼠开始"。

二、编辑排版操作（25 分）

打开"test7.doc"，以文件名"test7-xg.doc"另存于用户盘根目录中。按如下要求进行排版：

1．排版设计

（1）纸张：16 开；边距：左右页边距均为 1.5cm，上下页边距均为 2cm。

（2）标题：楷体三号，居中对齐，段前段后各间隔 2 行。

（3）正文：隶书四号，左对齐，行间距为单倍行距，分为两栏，中间加分隔线。

2．将正文的所有"米奇"一词替换设置为"Mickey"，Arial 字体、四号、加粗、斜体、蓝色。

3．在右上角绘制一个"云形标注"图形，输入文字为"Mickey Mouse!"，设置填充效果为"雨后初晴"、中心辐射、图文环绕。

三、Excel 操作（20 分）

在 Excel 中按以下要求完成，文件存于用户盘根目录中，文件名为 Excel7.xls。

1．建立如表 9-4 所示的"学生成绩表"，其中外边框双线，第一行蓝色底纹。

2．用公式计算平均分、最高分、总平均分；

3．首先按性别升序排列，性别相同按平均分降序排列。

表 9-4　学生成绩表

学号	姓名	性别	计算机原理	数据结构	英语	平均分
201306001	黄　敏	女	85	70	73	
201306003	赵　蓉	女	95	85	90	
201306006	欧阳天	男	93	86	83	
201306007	向问峰	男	82	90	94	
201306009	王语嫣	女	78	92	78	
最高分						
总平均分						

四、Windows 基本操作（10 分）

1．在用户根目录下创建如图 9-6 结构所示的目录。

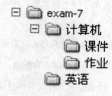

图 9-6　用户创建的目录结构

2．将文件"test7.doc"复制到"作业"文件夹下，并重命名为"米奇.doc"。

五、在 PowerPoint 中完成以下操作（10 分）

用 PowerPoint 制作手机产品宣传文档，手机名称、型号自己拟定。

1．标题：手机名称（如"华为荣耀 3C"手机），用艺术字。

2．文字内容：自拟。

3．图片内容：绘制或插入你认为合适的图形（至少一幅），文稿中文字、背景等颜色自定。

4．各对象的动画效果自定，延时 1 秒自动出现，幻灯切换效果延时 3 秒自动出现。

5．幻灯片数目不得少于 5 张。

六、网页制作（10 分）

用 FrontPage 或 Dreamweaver 制作一网页文件，主题是介绍米老鼠，文字由第一题复制粘贴而来，另外要插入一剪贴画（或图片），并设置浏览网页时，单击该图片可链接到网站 "www.disney.com"，用文件名 test7.HTM（或 test7.HTML）保存到用户盘根目录下面。

实验 9-8　操作模拟实验（第 8 套）

一、汉字录入（25 分）

请在 Word 系统中正确录入如下内容。

要求：

1．在表格中正确地录入姓名及学号。

2．文本中的英文、数字按西文方式；标点符号按中文方式。

3．文件命名为 "test8.doc" 保存在用户盘根目录中。

姓　名		学　号	

重庆简介

重庆，简称巴、渝，别称巴渝、山城、渝都、桥都，中华人民共和国四大中央直辖市之一，五大国家中心城市之一，国家历史文化名城，长江上游地区经济中心、金融中心和创新中心，及政治、航运、文化、科技、教育、通信等中心。

重庆市位于中国内陆西南部、长江上游地区，地跨东经 105° 11'~110° 11'，北纬 28° 10'~32° 13'[18] 之间的青藏高原与长江中下游平原的过渡地带。地界渝东、渝东南临湖北省和湖南省，渝南接贵州省，渝西、渝北连四川省，渝东北与陕西省和湖北省相连。辖区东西长 470 千米，南北宽 450 千米，辖区总面积 8.24 万平方千米，为北京、天津、上海三市总面积的 2.39 倍，是中国面积最大的城市，其中主城建成区面积为 647.78 平方千米。

二、编辑排版操作（25 分）

打开 "test8.doc"，以文件名 "test8-xg.doc" 另存于用户盘根目录中。按如下要求进行排版：

1．排版设计。

（1）纸张：B5；边距：左右页边距均为 2cm，上下页边距均为 2.5cm。

（2）标题：标题楷体三号、红色居中，加粗；副标题为宋体五号居中。

（3）正文：宋体四号，行距为 1.5 倍行距，首行缩进 2 个字符，第一段首字下沉（下沉 3 行）。

2．设置页眉：页眉文字为学号与姓名，居中对齐、宋体四号、黑色。

3．在文档中添加水印（要求：文字为 "重庆简介"，黑体 36 号字，半透明）。

4. 在文字下方添加如图 9-7 所示公式。

$$\int_a^b f(x)dx=F(b)-F(a)$$

图 9-7　公式

三、Excel 操作（20 分）

在 Excel 中按以下要求完成，文件存于用户盘根目录中，文件名为 Excel8.xls。

1. 在 Excel 中建立如图 9-8 所示数据表格，并输入内容，表格外框线双线；内框线单实线。

2. 利用公式计算"总评分"，其中：总评分=平时成绩*0.2+期中成绩*0.3+期末成绩*0.5；

3. 选择"姓名"与"总评分"两列制作三维簇状柱形图。

程序设计总评成绩					
学号	姓名	平时成绩	期中考试	期末成绩	总评分
0501100	马晓璐	90	95	90	
0501088	李小明	86	85	80	
0505033	林美新	70	70	60	
0511077	欧阳飞	70	90	70	
0608066	陆小凤	78	80	80	

图 9-8　程序设计总评成绩

四、Windows 基本操作（10 分）

1. 在用户根目录下创建如图 9-9 结构所示的目录。

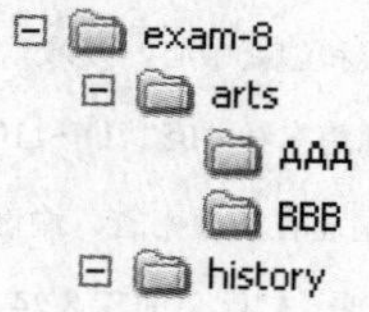

图 9-9　用户创建的目录结构

2. 将文件"test8.doc"复制到"history"文件夹下，并设置为只读属性。

五、在 PowerPoint 中完成以下操作（10 分）

用 PowerPoint 制作个人简介。

1. 标题："这就是我！"，标题文字格式要求醒目。

2. 文字内容：自拟。

3. 图片内容：绘制或插入你认为合适的图形（至少 2 幅），文稿中文字、背景等颜色自定。

4. 各对象的动画效果自定，延时 1 秒自动出现，幻灯切换效果延时 3 秒自动出现。

5．幻灯片数目不得少于 5 张。

六、网页制作（10 分）

　　用 FrontPage 或 Dreamweaver 制作一网页文件，主题是介绍重庆，文字由第一题复制粘贴而来，另外要插入一剪贴画（或图片），并设置浏览网页时，单击该图片可链接到网站 "http://www.cqonline.cn"，用文件名 test8.HTM（或 test8.HTML）保存到用户盘根目录下面。

实验 9-9　操作模拟实验（第 9 套）

一、汉字录入（25 分）

　　请在 Word 系统中正确录入如下内容。
　　要求：
　　1．在表格中正确地录入姓名及学号。
　　2．文本中的英文、数字按西文方式；标点符号按中文方式。
　　3．文件命名为 "test9.doc" 保存在用户盘根目录中。

姓　名		学号	

艾萨克·牛顿简介

　　艾萨克·牛顿（Isaac Newton）爵士，英国著名的物理学家，百科全书式的 "全才"，著有《自然哲学的数学原理》、《光学》。

　　他在 1687 年发表的论文《自然定律》里，对万有引力和三大运动定律进行了描述。这些描述奠定了此后三个世纪里物理世界的科学观点，并成为了现代工程学的基础。他通过论证开普勒行星运动定律与他的引力理论间的一致性，展示了地面物体与天体的运动都遵循着相同的自然定律；为太阳中心说提供了强有力的理论支持，并推动了科学革命。

　　在力学上，牛顿阐明了动量和角动量守恒的原理。在光学上，他发明了反射望远镜，并基于对三棱镜将白光发散成可见光谱的观察，发展出了颜色理论。他还系统地表述了冷却定律，并研究了音速。

　　在数学上，牛顿与戈特弗里德·威廉·莱布尼茨分享了发展出微积分学的荣誉。他也证明了广义二项式定理，提出了 "牛顿法" 以趋近函数的零点，并为幂级数的研究作出了贡献。

　　在经济学上，牛顿提出金本位制度。

二、编辑排版操作（25 分）

　　打开 "test9.doc"，以文件名 "test9-xg.doc" 另存于用户盘根目录中。按如下要求进行排版：
　　1．排版设计。
　　（1）纸张：16 开；边距：上、下、左、右页边距均为 2cm。
　　（2）标题：黑体小三号加粗，居中对齐，段前段后各间隔 1 行。
　　（3）正文：楷体小四号，两端对齐，行间距为固定值 20 磅，首行缩进 2 个字符。
　　2．在正文内容右下方绘制 "云形标注" 图形（用预设中的 "麦波滚滚" 中心辐射填充效果），图形正中添加 "牛顿简介"（宋体小四号），图形与文字关系为图文环绕。
　　3．创建如图 9-10 所示 "ABC 大学院系组成" 的组织结构图。

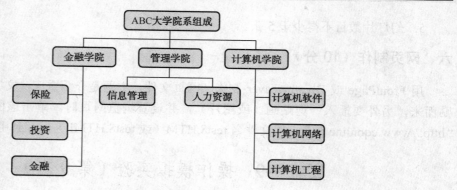

图 9-10　ABC 大学院系组成

三、Excel 操作（20 分）

在 Excel 中按以下要求完成，文件存于用户盘根目录中，文件名为 Excel9.xls。

1. 在 Excel 中建立如图 9-11 所示数据表格。其中外框线用双线，内框线用虚线。制表时间由当前系统日期输入。

学生成绩表					
制表时间					
学号	姓名	微积分	程序设计	英语	平均分	等级
20130102	张凌霄	84	88	90	87	优秀
20130232	李秋露	77	60	95	77	合格
20130529	王阳扬	61	30	92	61	合格
20130125	楚天舒	50	52	72	58	不合格
20130319	赵晓生	70	67	90	76	合格

图 9-11　学生成绩表

2. 用公式计算平均分、等级。

【提示】等级可在地址栏输入"=IF（F5>=60，IF（F5>=85，"优秀"，"合格"），"不合格"）"，其中"F5"是平均分的地址。

3. 对建立的数据表建立三维柱形图，图表标题为"程序设计—柱形图"，如图 9-12 所示，并将其嵌入到工作表中。

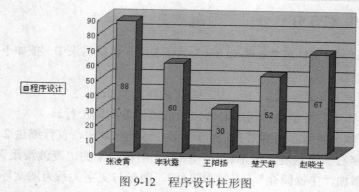

图 9-12　程序设计柱形图

四、Windows 基本操作（10 分）

1．在用户根目录下创建如图 9-13 结构所示的目录。

图 9-13　用户创建目录结构

2．在计算机中搜索图片文件，任选三幅图片将其复制到"jsj"文件夹下的"111"文件夹中。

五、在 PowerPoint 中完成以下操作（10 分）

用 PowerPoint 为你喜欢的旅游景点制作宣传文档。

1．标题：旅游景点的名称，用艺术字。

2．文字内容：自拟。

3．图片内容：绘制或插入你认为合适的图形（至少 2 幅），文稿中文字、背景等颜色自定。

4．各对象的动画效果自定，延时 1 秒自动出现，幻灯切换效果延时 3 秒自动出现。

5．幻灯片数目不得少于 5 张。

六、网页制作（10 分）

用 FrontPage 或 Dreamweaver 制作一网页文件，主题是介绍科学家牛顿，文字由第一题复制粘贴而来，另外要插入一剪贴画（或图片），并设置浏览网页时，单击该图片可链接到网站"http://www.baidu.com"，用文件名 test9.htm（或 test9.html）保存到用户盘根目录下面。

第2部分　理论基础知识及练习

第10章　计算机文化与计算思维基础

10-1　基础知识

1．计算机的诞生。

阿兰·图灵，是英国科学家。他为现代电子计算机的诞生做出了很大的贡献，如图10-1所示。

图灵的贡献
- 图灵机模型：解决了可计算理论　计算机科学之父
  计算机的理论问题
- 图灵测试：回答了什么样的机器具有与人一样的智能　人工智能之父
  人工智能的理论基础

图 10-1　图灵的贡献

2．冯·诺依曼体系结构计算机的主要特点。

（1）计算机内部采用二进制。

（2）存储程序控制：程序和数据一起存储在内存中（核心）。

（3）五大部分组成：运算器、控制器、存储器、输入设备和输出设备。

3．（1）世界第一台电子计算机 1946 年宾夕法尼亚大学（University of Pennsylvania）ENIAC。

（2）世界第一台采用冯·诺依曼体系结构的电子计算机 EDVAC。

（3）世界第一台商用电子计算机 UNIVAC。

4．按电子元器件分类，计算机可分为四代，如表10-1所示。

表 10-1　按电子元器件

时　代	年　份	器　件	运 算 速 度	软　件
一	1946～1958 年	电子管	每秒几千次	机器语言 汇编语言
二	1958～1964 年	晶体管	每秒几十万次	高级语言
三	1964～1970 年	集成电路	每秒几百万次	操作系统
四	1971 年迄今	大规模集成电路	达到每秒上亿次	数据库、网络等

其中大规模集成电路（Large Scale Integrated Circuit，LSIC）

5．计算机发展趋势：微型化、巨型化、网络化和智能化。

6．个人计算机简称 PC（Personal Computer）。

MPC（Multi-media Personal Computer，多媒体个人计算机）。

7．计算机的分类。

（1）按用途分类：通用机、专用机。

（2）按综合性能指标分类：高性能计算机（巨型机或大型机）、微型计算机（桌面型计算机、笔记本电脑、平板电脑、移动设备）、工作站、服务器、嵌入式计算机。

8．计算机的应用类型。

（1）科学计算　天气预报。

（2）数据处理　银行 ATM 机上存取款。

（3）电子商务：① B2B　阿里巴巴　② B2C　京东商城　③ C2C　淘宝网。

（4）过程控制。

（5）CAD/CAM/CIMS

CAD（Computer Aided Design，计算机辅助设计）

CAM（Computer Aided Manufacturing，计算机辅助制造）

CAE（Computer Aided Engineering，计算机辅助工程）

CBE（Computer Based Education，计算机辅助教育）

CAPP（Computer Aided Process Planning，计算机辅助工艺规划）

CIMS（Computer Integrated Manufacturing Systems，计算机现代集成制造系统）

（6）多媒体技术。

（7）人工智能 AI（Artificial Intelligence）。

9．人类三大科学思维，如图 10-2 所示。

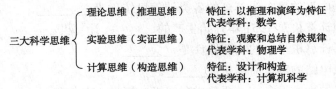

图 10-2　三大科学思维

10．计算思维的本质：抽象和自动化。

11．计算复杂性的度量标准有两个：时间复杂性和空间复杂性。

10-2　基 础 练 习

一、选择题

1．_____是现代通用计算机的雏形。

A．宾州大学于 1946 年 2 月研制成功的 ENIAC

B．查尔斯•巴贝奇于 1834 年设计的分析机

C．冯·诺依曼和他的同事们研制的 EDVAC

D．艾伦·图灵建立的图灵机模型

2．计算机科学的奠基人是_____。

A．查尔斯·巴贝奇　　　　　　　　　　　B．图灵

C．阿塔诺索夫　　　　　　　　　　　　　D．冯·诺依曼

3．物理器件采用晶体管的计算机被称为_____。

A．第一代计算机　　　　　　　　　　　　B．第二代计算机

C．第三代计算机　　　　　　　　　　　　D．第四代计算机

4．在电子商务中，企业与消费者之间的交易称为_____。

A．B2B　　　　　　B．B2C　　　　　　C．C2C　　　　　　D．C2B

5．计算机最早的应用领域是_____。

A．科学计算　　　　　　　　　　　　　　B．数据处理

C．过程控制　　　　　　　　　　　　　　D．CAD/CAM/CIMS

6．计算机辅助制造的简称是_____。

A．CAD　　　　　　　　　　　　　　　　B．CAM

C．CAE　　　　　　　　　　　　　　　　D．CBE

7．CBE 是目前发展迅速的应用领域之一，其含义是_____。

A．计算机辅助设计　　　　　　　　　　　B．计算机辅助教育

C．计算机辅助工程　　　　　　　　　　　D．计算机辅助制造

二、填空题

1．图灵在计算机科学方面的主要贡献是建立图灵机模型和提出了_____。

2．以"存储程序"的概念为基础的各类计算机统称为_____。

3．第一款商用计算机是 1951 年开始生产的_____计算机。

4．第一代电子计算机采用的物理器件是_____。

5．大规模集成电路的英文简称是_____。

6．微型计算机的种类很多，主要分成台式机、笔记本电脑和_____。

7．未来计算机将朝着微型化、巨型化、_____和智能化方向发展。

8．根据用途及其使用的范围，计算机可以分为_____和专用机。

9．计算机辅助设计的英文全称是_____。

10．计算机最早的应用领域是_____。

11．_____是指用计算机来模拟人类的智能。

12．计算思维的本质是_____和自动化。

13．计算复杂性的度量标准有两个：_____复杂性和空间复杂性。

14．总的来说，计算机思维方法有两大类：一类是来自_____的方法；另一类是计算机科学独有的方法。

10-3　扩 展 练 习

一、选择题

1. 下列关于计算思维的说法中，正确的是_____。
   A. 计算机的发明导致了计算思维的诞生　　　B. 计算思维的本质是计算
   C. 计算思维是计算机的思维方式　　　　　　D. 计算思维是人类求解问题的一条途径

2. 下列关于可计算性的说法中，错误的是_____。
   A. 所有问题都是可计算的
   B. 图灵机可以计算的就是可计算的
   C. 图灵机与现代计算机在功能上是等价的
   D. 问题是可计算的是指可以使用计算机在有限步骤内解决

3. 下列不属于人类三大科学思维的是_____。
   A. 理论思维　　　　　B. 逻辑思维　　　　　C. 实验思维　　　　　D. 计算思维

二、填空题

1. 人类的三大科学思维分别是理论思维、实验思维和_____。

2. 计算思维是运用计算机科学的基础概念进行_____、系统设计，以及人类行为理解等涵盖计算机科学之广度的一系列思维活动。

3. 计算思维渗透到化学产生了_____。

4. 未来新型计算机系统有光计算机、生物计算机和_____。

5. 交易双方都是企业的电子商务形式称为_____。

第11章 计算机系统

11-1 基础知识

1. 计算环境发展经历的 4 个历史阶段：①集中计算，②个人计算机，③互联网，④云计算。

2. 计算机系统=计算机硬件系统+计算机软件系统，如图 11-1 所示。

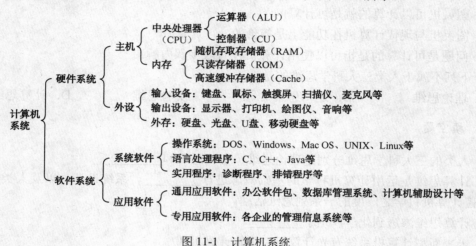

图 11-1 计算机系统

3. 冯·诺依曼体系结构计算机的主要特点：见 10-1 基础知识。

例 1 计算机应由 5 个基本部分组成，下面各项，_____不属于这 5 个基本组成。

答案：C

A．运算器
B．控制器
C．总线
D．存储器、输入设备和输出设备

例 2 计算机能按照人们的意图自动、高速地进行操作，是因为采用了_____。

答案：A

A．程序存储在内存
B．高性能的 CPU
C．高级语言
D．机器语言

4. CPU（Central Processing Unit，中央处理器）

（1）运算器（Arithmetic and Logic Unit，ALU）：算术运算与逻辑运算

（2）控制器（Control Unit，CU）

5. 存储器

内存储器：与 CPU 直接交换信息

外存储器：与 CPU 不可直接交换信息

（1）内存储器：RAM\ROM\Cache。

RAM（Random Access Memory）随机读写存储器：能读能写；断电后信息会丢失。

ROM（Read Only Memory）只读存储器：只读不写；断电后信息不会丢失。

Cache 集成在 CPU 内部，高速，容量小。

例 1　计算机断电后，会使存储的数据丢失的存储器是_____。

答案：A

A．RAM　　　　　　　B．硬盘　　　　　　　C．ROM　　　　　　　D．U 盘

例 2　ROM 中的信息是_____。

答案：D

A．由程序临时写入　　　　　　　　　　B．在计算机通电启动时写入的

C．根据用户需求不同，由用户随时写入　　D．由计算机制造厂预先写入的

（2）外存储器：磁盘、硬盘、光盘、Flash 存储器，如图 11-2 所示。

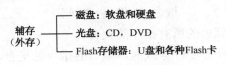

图 11-2　主要的外存储器

① 硬盘的接口：SATA（Serial ATA）接口，串行接口。

数据传输，SATA 2.0 300MB/s，SATA 3.0 600MB/s。

SATA 接口具有结构简单、可靠性高、数据传输率高、支持热插拔的优点。

② 一张普通 CD-ROM 光盘容量大小为 650MB，一张普通 DVD-ROM 容量为 4.7GB。

光驱的数据读取速率用倍速来表示。CD 光驱的 1 倍速是 150KB/s，DVD 光驱的 1 倍速是 1350KB/s

6．表示存储容量大小的单位：

位（bit）：二进制的最小单位，代表一个 0 或 1。

字节（Byte）：8 位二进制，数据存储基本单位，换算方式如图 11-3 所示。

字（Word）：计算机中作为一个整体被存取、传送、处理的二进制数，存储器中，通常每个单元存储一个字。

字长（Word Length）：每个字中二进制位数（图 11-3）。

$$1Byte=8bits$$
$$1KB=2^{10}B=1024B$$
$$1MB=2^{20}B=1024KB$$
$$1GB=2^{30}B=1024MB$$
$$1TB=2^{40}B=1024GB$$

图 11-3　存储容量单位比较

7．软件：程序及程序运行时所需的数据及相关文档的集合。

系统软件：管理维护计算机硬件、软件的软件。如操作系统、语言处理程序、实用程序

（杀毒软件、压缩软件、系统维护软件等）。

　　应用软件：具有专门的应用目的。如 Office、QQ、图像处理软件等。

　　裸机：只有硬件没有软件的计算机。

　　例 1　以下软件中，_____都是系统软件。

　　答案：D

A．Word 和 Excel　　　　　　　　　　　B．Microsoft Office 和 Dos

C．Photoshop 和 iOS　　　　　　　　　　D．Windows 8 和 UNIX

　　例 2　计算机的软件系统可分为_____。

　　答案：D

A．程序和数据　　　　　　　　　　　　B．程序、数据和文档

C．操作系统与语言处理程序　　　　　　D．系统软件与应用软件

　　8．（1）指令：能被计算机识别并执行的二进制代码，规定了某一种操作。

指令=操作码+地址码

　　（2）指令系统：一台计算机的所有指令的集合。

　　（3）程序：为了完成某一方面任务或应用编写的指令的集合。

　　例 1　指令的操作码表示的是_____。

　　答案：A

A．做什么操作　　　　B．操作地址　　　　C．操作结果　　　　D．停止操作

　　例 2　为解决某一特定的问题而设计的指令序列称为_____。

　　答案：B

A．文档　　　　　　　B．程序　　　　　　　C．语言　　　　　　　D．系统

　　例 3　计算机的 CPU 每执行一个_____，就完成一步基本运算或判断。

　　答案：B

A．语句　　　　　　　B．指令　　　　　　　C．程序　　　　　　　D．软件

　　9．指令执行的三个步骤：取指令→分析指令→执行指令。

　　10．程序设计语言

　　（1）机器语言：二进制代码组成的指令集合，可以被直接执行。

　　（2）汇编语言：用英文助记符表示二进制指令（图 11-4）。

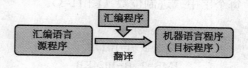

图 11-4　汇编语言的汇编

　　（3）高级语言：接近于自然语言，如 C 语言、C++语言、Java 语言、C#语言等。

　　高级语言编写的源程序翻译成机器语言程序有两种方式：① 编译（翻译一次，永久运行，如 C 语言处理程序）② 解释（每次都要翻译，不能脱离语言处理程序单独执行）

　　11．CPU 主要指标：

　　（1）主频，CPU 内核工作的时钟频率。一般来说，主频越高，CPU 运算速度也越快。

（2）高速缓存（Cache）容量

（3）核心数量

（4）字长

例 1　通常说 CPU 的型号如"Intel Core 3.60GHz",其中，3.60GHz 是指 CPU 的参数_____。

答案：C

A．外频　　　　　　　B．速度　　　　　　C．主频　　　　　　　D．缓存

例 2　微型计算机的主频很大程度上决定了计算机的运行速度，它是指_____。

答案：B

A．单位时间的存取数量　　　　　　　B．计算机运行速度的快慢

C．微处理器时钟工作频率　　　　　　D．基本指令操作次数

例 3　"32 位微型计算机"中 32 位指的是_____。

答案：A

A．机器的字长　　　　　　　　　　　B．微型机号

C．运算速度　　　　　　　　　　　　D．内存容量

12．总线（Bus）：是各部件（或设备）之间传输数据的公用通道。

（1）按连接对象可分为：

◆ 内部总线：连接 CPU 的各个组成部件（芯片内部）

◆ 系统总线：连接计算机中各大部件

◆ 外部总线：连接计算机和外部设备

（2）按传输对象可分为：

◆ 地址总线（Address Bus，AB）：传输地址信息

◆ 数据总线（Data Bus，DB）：传输数据信息

◆ 控制总线（Control Bus，CB）：传输控制信息

13．接口

（1）USB 接口：USB（Universal Serial Bus）通用串行总线 。USB 接口目前有两个规范：

◆ USB 2.0 传输速率可达 60MB/s

◆ USB 3.0 传输速率可达 600MB/s

（2）HDMI（High Definition Multimedia Interface，高清晰度多媒体接口）是一种数字化视频/音频接口技术，是适合视频传输的专用接口，可同时传送视频和音频信号，最高数据传输速度为 5Gbps。

（3）1394 接口，全称 IEEE1394 接口

14．输入设备：键盘、鼠标、触摸屏、扫描仪、光笔、光学阅读设备、IC 卡读卡器等。

输出设备：主要有显示器、打印机、投影仪等。打印机有针式印机，激光打印机和喷墨打印机。

15．计算机网络：将地理位置不同的具有独立功能的多台计算机，通过通信设备和通信线路连接起来，在网络软件的管理和协调下，实现资源共享和数据通信的计算机系统。

例　计算机网络是指将地理位置不同的具有独立功能的多台计算机及其外部设备，

通过_____和_____连接起来，在_____的管理和协调下，实现资源共享和信息传递的计算机系统。

答案：通信设备、通信线路、网络软件

16．计算机网络按照逻辑功能可分为通信子网和资源子网。

计算机网络的性能指标：速率、带宽。一般用 bps（bit per second，位/秒）

例　传输速率单位"bps"代表的意义是_____。

答案：B

A．Bytes per Second　　　　　　　　　B．bits per Second

C．baud per Second　　　　　　　　　　D．billion per Second

17．计算机网络的功能：数据通信、资源共享、分布式处理。

18．计算机网络按照地理范围分类，可分为：

局域网（Local Area Network，LAN）

城域网（Metropolitan Area Network，MAN）

广域网（Wide Area Network，WAN）

19．网络体系结构：计算机网络的各个层次和在各层上使用的全部协议。

（1）网络协议：计算机网络中通信双方为了实现通信而设计的规则。如 TCP/IP 协议（Internet 网的协议）。

（2）协议组成

语法：交换数据和控制信息的格式。

语义：每部分控制信息和数据所代表的含义，是对其的具体解释。

时序：详细说明事件是如何实现的。

（3）OSI 与 TCP/IP 结构，如图 11-5 所示。

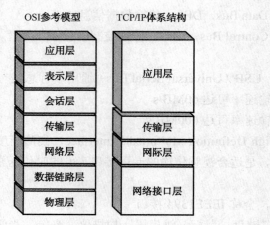

图 11-5　OSI 参考模型与 TCP/IP 体系结构

TCP/IP 协议是 Internet 最基本的协议，由网络层的 IP 协议和传输层的 TCP 协议组成。TCP/IP 定义了电子设备如何连入因特网，以及数据如何在它们之间传输的标准（图 11-5）。

TCP（Transmission Control Protocol，传输控制协议）

IP（Internet Protocol，网际协议）

例 1　TCP/IP 协议是 Internet 中计算机之间通信所必须共同遵循的一种_____。

答案：C

A．信息资源　　　　　　　　　　　　　B．硬件

C．通信规定　　　　　　　　　　　　　D．应用软件

例 2　OSI 模型的最高层是_____，最低层是_____。

答案：B

A．网络层/应用层　　　　　　　　　　B．应用层/物理层

C．传输层/链路层　　　　　　　　　　D．表示层/物理层

例 3　_____是计算机网络中通信双方为了实现通信而设计的规则。

答案：协议

例 4　国际化标准组织制定的开放系统互连参考模型，英文缩写为_____，它包含_____层结构。

答案：OSI，七层

20．连接计算机局域网

（1）硬件：网卡、交换机等。

路由器：连接因特网中各局域网、广域网的设备，它会根据信道的情况自动选择和设定路由，以最佳路径，按前后顺序发送信号的设备。

（2）传输介质

有线介质：双绞线、光纤、同轴电缆。

无线介质：无线电波、红外线等。

（3）软件：协议、网络操作系统、浏览器等。

21．网络拓扑结构是指网络中计算机的连接方式。

三种基本网络拓扑结构：星型、环型、总线型，此外树型、网状型是基本网络拓扑结构的组合

例 1　树型拓扑结构可以看成是_____的扩展。

答案：A

A．星型　　　　　B．总线型　　　　　C．环型　　　　　D．网状

例 2　在常用的网络拓扑结构中，_____结构存在一个中心设备（集线器或交换机），各台计算机都有一根线直接连接到中心设备；_____结构是将所有计算机都接入到同一条通信线路上。

答案：星型、总线型

例 3　在计算机网络中，所有的计算机均连接到一条通信传输线路上，这种连接结构被称为_____。

答案：C

A．网状结构　　　　　　　　　　　　　B．星形结构

C．总线结构　　　　　　　　　　　　　D．环形结构

22．局域网标准：

（1）有线局域网（以太网）：IEEE802.3　　　（2）无线局域网：IEEE 802.11

11-2　基础练习

（一）计算机软硬件系统

一、选择题

1. 下列设备组中，完全属于外部设备的一组是_____。

A. 光驱、内存、显示器、打印机　　　　B. 扫描仪、CPU、硬盘、内存

C. 光驱、鼠标、扫描仪、显示器　　　　D. 显示器、键盘、运算器、移动硬盘

2. 财务管理软件是一种专用程序，它属于_____。

A. 接口软件　　　B. 系统软件　　　C. 应用软件　　　D. 支援软件

3. 中央处理器可以直接存取_____中的信息。

A. 硬盘　　　　　B. 光盘　　　　　C. U盘　　　　　D. 主存

4. 以下存储设备中，_____存取速度最快。

A. Cache　　　　B. 虚拟内存　　　C. 内存　　　　　D. 硬盘

5. 计算机存储单元中存储的内容_____。

A. 只能是程序　　　　　　　　　　　B. 可以是数据和指令

C. 只能是数据　　　　　　　　　　　D. 只能是指令

6. 主板上最主要的部件是_____。

A. 插槽　　　　　B. 芯片组　　　　C. 接口　　　　　D. 架构

7. Cache可以提高计算机的性能，这是因为它_____。

A. 提高了CPU的倍频　　　　　　　　B. 提高了CPU的主频

C. 提高了RAM的容量　　　　　　　　D. 缩短了CPU访问数据的时间

8. 下列关于SATA接口的说法中，错误的是_____。

A. 结构简单、可靠性高　　　　　　　B. 数据传输率高、支持热插拔

C. 是一种并行接口，因此传输率高　　　D. 是一种串行接口

9. 一个完整的计算机系统由_____组成。

A. 硬件系统和软件系统　　　　　　　B. 主机和外设

C. 系统软件和应用软件　　　　　　　D. 主机、显示器和键盘

10. 时至今日，计算机仍然采用程序内存或称存储程序原理，原理的提出者是_____。

A. 莫尔　　　　　　　　　　　　　　B. 冯·诺依曼

C. 比尔·盖茨　　　　　　　　　　　D. 图灵

11. 运算器的主要功能是进行_____。

A. 代数和逻辑运算　　　　　　　　　B. 代数和四则运算

C. 算术和逻辑运算　　　　　　　　　D. 算术和代数运算

12. _____的功能是控制、指挥和协调计算机各部件工作。

A. 鼠标　　　　　B. 运算器　　　　C. 控制器　　　　D. 存储器

13. 计算机的硬件主要包括存储器、中央处理器（CPU）、输入设备和_____。

A. 控制器　　　　　B. 输出设备　　　　　C. 键盘　　　　　D. 显示器

14. 下面的_____设备属于输出设备。

A. 键盘　　　　　B. 鼠标　　　　　C. 扫描仪　　　　　D. 打印机

15. 微型计算机硬件系统中最核心的部件是_____。

A. 存储器　　　　　B. 输入/输出设备　　　　　C. 显示器　　　　　D. CPU

16. 计算机硬件系统的主要组成部件有五大部分，下列各项中不属于这五大部分的是_____。

A. 运算器　　　　　B. 软件　　　　　C. I/O 设备　　　　　D. 控制器

17. 以下不属于计算机外设的是_____。

A. 输出设备　　　　　　　　　B. 输入设备

C. 中央处理器和主存储器　　　D. 外存储器

18. 目前生产 PC 机 CPU 的主要有_____和 AMD 公司。

A. Intel　　　　　B. IBM　　　　　C. Microsoft　　　　　D. Lenovo

19. CPU 的主频是指 CPU 的_____。

A. 无线电频率　　　　　B. 电压频率　　　　　C. 时钟频率　　　　　D. 电流频率

20. 下面的描述中，正确的是_____。

A. 外存中的信息可直接被 CPU 处理　　　B. 1KB=1024 位

C. 操作系统是一种很重要的应用软件　　　D. 键盘是输入设备，显示器是输出设备

21. 任何程序必须被加载到_____中才能被 CPU 执行。

A. 硬盘　　　　　B. 内存　　　　　C. 磁盘　　　　　D. 外存

22. 计算机断电后，会使存储的数据丢失的存储器是_____。

A. RAM　　　　　B. 硬盘　　　　　C. ROM　　　　　D. U 盘

二、填空题

1. 计算机的外设很多，主要分成三大类，其中，显示器、音箱属于_____，键盘、鼠标、扫描仪属于_____。

2. USB3.0 接口的传输速率可达_____。

3. 中央处理器简称 CPU，它是计算机系统的核心，主要包括_____和_____两个部件。

4. 根据冯·诺依曼的体系结构，程序和数据以_____的形式存放在存储器中。

5. 按存储器的读写功能划分，内存可分为_____和_____。

6. 一条指令由两部分组成，即_____和_____。

7. 指令的执行过程分为以下 3 个步骤：_____、_____和_____。

8. _____是指 CPU 的时钟频率，也可以说是 CPU 的工作频率，基本单位是_____。

9. RAM 主要的性能指标有两个：_____和_____。

（二）计算机网络

一、选择题

1. 下列计算机网络的传输介质中，数据传输速度最快的是_____。
　A. 光纤　　　　　　B. 无线电波　　　　C. 双绞线　　　　　D. 红外线

2. 计算机网络是通过通信媒体，把各个独立的计算机互相连接而建立起来的系统。它实现了计算机与计算机之间的资源共享和_____。
　A. 屏蔽　　　　　　B. 独占　　　　　　C. 通信　　　　　　D. 交换

3. 根据计算机网络的覆盖范围，可以把网络划分为三大类，以下不属于的是_____。
　A. 广域网　　　　　B. 城域网　　　　　C. 局域网　　　　　D. 宽带网

4. 传输速率单位"bps"代表的意义是_____。
　A. Bytes per Second　　　　　　　　B. Bits per Second
　C. Baud per Second　　　　　　　　D. Billion per Second

5. 星形、总线型、环形和网状形是按照_____分类的。
　A. 网络功能　　　　B. 管理性质　　　　C. 网络拓扑　　　　D. 网络跨度

6. 树形拓扑结构可以看成是_____的扩展。
　A. 星形　　　　　　B. 总线型　　　　　C. 环形　　　　　　D. 网状

7. 在计算机网络中，所有的计算机均连接到一条通信传输线路上，这种连接结构被称为_____。
　A. 网状结构　　　　B. 星形结构　　　　C. 总线结构　　　　D. 环形结构

8. 有线网络的传输媒体不包括_____。
　A. 电缆　　　　　　B. 微波　　　　　　C. 光缆　　　　　　D. 双绞线

9. 下列的_____不属于无线网络的传输媒体。
　A. 无线电波　　　　B. 微波　　　　　　C. 红外线　　　　　D. 光纤

10. OSI 将复杂的网络通信分成_____个层次进行处理。
　A. 3　　　　　　　B. 5　　　　　　　C. 6　　　　　　　D. 7

11. TCP/IP 协议是 Internet 中计算机之间通信所必须共同遵循的一种_____。
　A. 信息资源　　　　B. 硬件　　　　　　C. 通信规定　　　　D. 应用软件

12. 计算机网络中通信双方为了实现通信而设计的规则称为_____。
　A. 协议　　　　　　B. 介质　　　　　　C. 服务　　　　　　D. 网络操作系统

13. 不属于局域网常用的拓扑结构是_____。
　A. 星形结构　　　　B. 环形结构　　　　C. 分布式结构　　　　D. 树形结构

二、填空题

1. 计算机网络是由_____子网和_____子网组成的。
2. 计算机网络按照其延伸距离划分为_____、_____、_____。
3. 衡量计算机网络的性能指标有许多，其中_____指计算机在数字信道上传送数据的速率，_____指通信线路所能传送数据的能力。

4．计算机网络的资源共享功能包括_____共享、_____共享和_____共享。

5．根据工作模式可将网络结构分为两类，其中的_____结构是指每一台计算机即是服务器又是客户机的局域网。

6．目前局域网内主要采用_____连接计算机，它通常有多个端口，为接入的任意两个节点提供独享的数据传输，并将收到的数据向指定端口进行转发。

7．目前的网络传输介质中，_____主要用于长距离的数据传输和网络的主干线。

8．局域网中的计算机设备可以分为两类：_____和_____。

9．从资源构成上看，计算机网络系统有_____和_____组成。

（三）补充练习

一、选择题

1．在计算机运行时，把程序和数据一样存放在内存中，这是 1946 年由_____所领导的研究小组正式提出并论证的。

　A．图灵　　　　　　　B．布尔　　　　　　C．冯·诺依曼　　　　D．爱因斯坦

2．以下描述_____不正确。

　A．内存与外存的区别在于内存是临时性的，而外存是永久性的

　B．内存与外存的区别在于外存是临时性的，而内存是永久性的

　C．平时说的内存是指 RAM

　D．从输入设备输入的数据直接存放在内存

3．计算机的主机指的是_____。

　A．计算机的主机箱　　　　　　　　　B．CPU 和内存储器

　C．运算器和控制器　　　　　　　　　D．运算器和输入/输出设备

4．下面关于 ROM 的说法中，不正确的是_____。

　A．CPU 不能向 ROM 随机写入数据

　B．ROM 中的内容在断电后不会消失

　C．ROM 是只读存储器的英文缩写

　D．ROM 是只读的，所以它不是内存而是外存

5．微型计算机中的总线通常分为_____三种。

　A．数据总线、地址总线和控制总线　　　B．数据总线、信息总线和传输总线

　C．地址总线、运算总线和逻辑总线　　　D．逻辑总线、传输总线和通信总线

6．外存与内存有许多不同之处，外存相对于内存来说，以下叙述_____不正确。

　A．外存不怕停电，信息可长期保存

　B．外存的容量比内存大得多，甚至可以说是海量的

　C．外存速度慢，内存速度快

　D．内存和外存都是由半导体器件构成

7．_____不属于计算机的外部存储器。

A．软盘　　　　　　　　B．硬盘　　　　　　　　C．内存条　　　　　　　　D．光盘

8．计算机系统是指_____。

A．主机和外部设备　　　　　　　　　　　　B．主机、显示器、键盘、鼠标

C．运控器、存储器、外部设备　　　　　　　D．硬件系统和软件系统

9．计算机存储器单位 Byte 称为_____。

A．位　　　　　　　　　B．字节　　　　　　　　C．机器字　　　　　　　　D．字长

10．USB 是一种_____。

A．中央处理器　　　　　　　　　　　　　　B．通用串行总线接口

C．不间断电源　　　　　　　　　　　　　　D．显示器

11．CPU 能直接访问的存储器是_____。

A．硬盘　　　　　　　　B．ROM　　　　　　　　C．光盘　　　　　　　　D．优盘

12．计算机的内存储器是由许多存储单元组成的，为使计算机能识别和访问这些单元，给每个单元一个编号，这些编号称为_____。

A．名称　　　　　　　　B．名号　　　　　　　　C．地址　　　　　　　　D．栈号

13．"32 位微机"中的 32 指的是_____。

A．微机型号　　　　　　B．内存容量　　　　　　C．机器字长　　　　　　D．存储单元

14．获取指令、决定指令的执行顺序，向相应硬件部件发送指令，这是_____的基本功能。

A．运算器　　　　　　　B．控制器　　　　　　　C．内存储器　　　　　　D．输入/输出设备

15．用汇编语言编写的源程序必须进行_____变为目标程序才能被执行。

A．编辑　　　　　　　　B．编译　　　　　　　　C．解释　　　　　　　　D．汇编

16．用高级语言 C++编写的源程序要执行，必须通过其语言处理程序进行_____变成目标程序后才能实现。

A．解释　　　　　　　　B．汇编　　　　　　　　C．编译　　　　　　　　D．翻译

17．MIPS 指标的含义是_____。

A．每秒平均计算万条指令数　　　　　　　　B．每秒平均计算百万条指令数

C．每秒平均计算万条程序数　　　　　　　　D．每秒平均计算百万条程序数

18．对于触摸屏，以下说法正确的是_____。

A．输入设备　　　　　　　　　　　　　　　B．输出设备

C．输入/输出设备　　　　　　　　　　　　　D．不是输入也不是输出设备

19．LAN 是_____的英文的缩写。

A．城域网　　　　　　　B．网络操作系统　　　　C．局域网　　　　　　　D．广域网

20．为网络数据交换而制定的规则、约定和标准称为_____。

A．体系结构　　　　　　B．协议　　　　　　　　C．网络拓扑　　　　　　D．模型

二、填空题

1．计算机中系统软件的核心是_____，它主要用来控制和管理计算机的所有软硬件资源。

2．应用软件中对于文件的"打开"功能，实际上是将数据从辅助存储器中取出，传送到_____的过程。

3．没有软件的计算机称为_____。

4．_____是计算机唯一能直接执行的语言。

5．微处理器是把运算器和_____作为一个整体，采用大规模集成电路集成在一块芯片上。

6．计算机中指令的执行过程可以用四个步骤来描述，它们依次是取出指令、_____、执行指令和为下一条指令做好准备。

7．计算机由 5 个部分组成，分别为：_____、_____、_____、_____和输出设备。

8．运算器是执行_____和_____运算的部件。

9．按网络的地理范围来划分，网络被划分为_____、_____和_____。

10．TCP/IP 采用 4 层模型，从上到下依次是应用层、_____、_____和网络接口层。

11．网络协议是一套关于信息传输顺序、_____和信息内容等的约定。一个网络协议至少要包含 3 个要素：_____、_____和_____。

12．在计算机网络中，为网络提供共享资源的基本设备是_____。

11-3　扩展练习

1．_____是一种能自动超频的技术，它是 CPU 通过分析当前的任务情况，智能地进行提升_____。

A．睿频，主频　　　　B．外频，主频　　　　C．主频，外频　　　　D．外频，睿频

2．下列的_____不属于计算机环境的发展经历的主要历史阶段。

A．集中计算　　　　B．互联网　　　　C．云计算　　　　D．服务器

3．_____工作在 OSI 体系结构的网络层，一般用来实现不同类型的局域网互连，或实现局域网与广域网的互连。

A．交换机　　　　B．Hub　　　　C．网卡　　　　D．路由器

4．物联网的实现主要依赖的一种关键技术 RFID 是指_____。

A．传感技术　　　　B．嵌入式技术　　　　C．射频识别技术　　　　D．位置服务技术

5．_____是物联网技术的关键技术之一，它采用定位技术，确定智能物体的地理位置，利用地理信息系统技术与移动通信技术向物联网中的智能物体提供与位置相关的信息服务。

6．_____工作在 OSI 体系结构的网络层，一般用来实现不同类型的局域网互连，或实现局域网与广域网的互连。

A．交换机　　　　B．Hub　　　　C．网卡　　　　D．路由器

7．_____是一种能自动超频的技术，当它开启后，CPU 会根据当前的任务量自动调整 CPU 主频，从而使得重任务时发挥最大的性能，轻任务时发挥最大节能优势。

8．无线 AP 也叫_____，是用于无线网络的无线交换机，是无线网络的核心。

9．云计算提供的服务包括_____、_____和_____。

第12章 操作系统

12-1 基础知识

1. 操作系统（Operating System，OS）管理和控制计算机硬件与软件资源的一组计算机程序。

（1）是计算机硬件与软件的接口

（2）是用户和计算机的接口

例 操作系统是对计算机硬件、软件进行_____的系统软件。

答案：A

A. 管理和控制　　　　B. 汇编和执行　　　　C. 输入和输出　　　　D. 编译和链接

2. 操作系统的主要功能：

（1）处理机管理：有效地、合理地分配 CPU 的时间

（2）存储管理

（3）设备管理

（4）信息（文件）管理

例 操作系统是现代计算机系统不可缺少的组成部分。操作系统负责管理计算机的_____。

答案：C

A. 程序　　　　B. 系功能　　　　C. 资源　　　　D. 进程

3. 常用操作系统

（1）DOS（Disk Operating System）

（2）Windows 操作系统

（3）Unix 操作系统

（4）Linux 操作系统

（5）Mac OS 操作系统

（6）智能手机操作系统：Google 的 Android、苹果的 iOS、微软的 Windows Phone

4. 进程：正在执行的程序（动态）。

程序：程序是以文件的形式存放在外储存器（静态）。

例 下列关于进程的说法中，正确的是_____。

答案：C

A. 进程就是程序

B. 正在 CPU 运行的进程处于就绪状态

C. 处于挂起状态的进程因发生某个事件后（需要的资源满足了）就转换为就绪状态

D. 进程是一个静态的概念，程序是一个动态的概念

5. 进程的状态：

（1）就绪状态：除了 CPU，所有的资源都拥有了。

（2）执行状态：在 CPU 上运行。

（3）挂起状态：进程因等待某个事件而暂停执行时的状态。

6．文件系统：负责管理和存取文件信息的部分称为文件系统或信息管理系统。Windows XP（Windows 7）支持的文件系统有 3 种：FAT32、NTFS 和 exFAT。Windows 按照树状目录结构组织管理文件。

7．文件路径

（1）绝对路径：从根目录开始

（2）相对路径：从当前目录开始

8．磁盘管理如图 12-1 所示

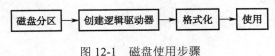

图 12-1　磁盘使用步骤

9．磁盘格式化：格式化磁盘会丢失磁盘上所有信息。

两类磁盘不能格式化：① 磁盘不能处于写保护状态。② 磁盘上不能有打开的文件。

10．剪贴板：剪贴板是程序和文件之间用于传递信息的临时存储区。信息的复制是通过剪贴板进行的，Windows 中屏幕、窗口与文本信息的复制如图 12-2 所示。

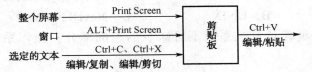

图 12-2　Windows 中屏幕、窗口与文本信息的复制

11．任务管理器的使用：快捷键是 Ctrl+Alt+Del

12．Windows 中的文件：文件是存放在外存上的一组相关信息的集合。Windows 下的文件包含主文件名与扩展文件名，如图 12-3 所示：

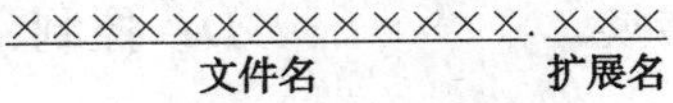

××××××××××××××．×××

　　文件名　　　　　　扩展名

图 12-3　文件名与扩展名

扩展名反映了文件类型扩展名的含义，见表 12-1。

表 12-1　常用的扩展名

文 件 类 型	扩 展 名	说 明
可执行程序	EXE、COM	可执行程序文件
Office 文档	DOC、XLS、PPT	Word、Excel、Powerpoint 创建的文档
压缩文件	ZIP、RAR	压缩文件
网页文件	HTM	静态网页文件
图像文件	BMP、JPG、GIF	不同格式的图像文件
音频文件	WAV、MP3、MID	不同格式的声音文件

例　以下_____文件被称为文本文件或 ASCII 文件。

答案：B

A．以 EXE 为扩展名的文件　　　　　　B．以 TXT 为扩展名的文件

C．以 COM 为扩展名的文件　　　　　　D．以 DOC 为扩展名的文件

13．USB 设备支持即插即用（PnP）和热插拔。

12-2　基　础　练　习

（一）操作系统基本概念

一、选择题

1．操作系统的主体是_____。

A．数据　　　　　B．程序　　　　　C．内存　　　　　D．CPU

2．下列操作系统中，属于分时系统的是_____。

A．UNIX　　　　　B．MS DOS　　　　　C．Windows7　　　　　D．Novell NetWare

3．下列操作系统中，运行在苹果公司 Macintosh 系列计算机上的操作系统是_____。

A．Mac OS　　　　　B．UNIX　　　　　C．Novell NetWare　　　　　D．Linux

4．操作系统是现代计算机系统不可缺少的组成部分。操作系统负责管理计算机的_____。

A．程序　　　　　B．系功能　　　　　C．资源　　　　　D．进程

5．下列操作系统中，不属于智能手机操作系统的是_____。

A．Android　　　　　B．iOS　　　　　C．Linux　　　　　D．Windows Phone

6．关于计算机操作系统功能的描述错误的是_____。

A．把源程序代码转换成目标代码　　　　B．实现用户和计算机之间的接口

C．完成硬件与软件之间的转换　　　　　D．控制、管理计算机资源及程序

7．下面属于操作系统的是_____。

A．UNIX　　　　　　　　　　　　　B．Office

C．Internet Explorer　　　　　　　　　D．PhotoShop

8．软件通常被分成_____和应用软件两大类。

A．高级软件　　　　　B．系统软件　　　　　C．计算机软件　　　　　D．通用软件

9．软件由程序、_____和文档三部分组成。

A．计算机　　　　　B．工具　　　　　C．语言处理程序　　　　　D．数据

10．在下列操作系统中，属于分时系统的是_____。

A．UNIX　　　　　　　　　　　　　B．MS DOS

C．Windows 2000/XP　　　　　　　　　D．Novell NetWare

11．下列关于进程的说法中，正确的是_____。

A．进程就是程序

B．正在 CPU 运行的进程处于就绪状态

C．处于挂起状态的进程因发生某个事件后（需要的资源满足了）就转换为就绪状态

D．进程是一个静态的概念，程序是一个动态的概念

二、填空题

1．对信号的输入、计算和输出都能在一定的时间范围内完成的操作系统被称为_____。

2．已经获得了除 CPU 之外的所有资源，做好了运行准备的进程处于_____状态。

3．处于执行状态的进程，因时间片用完就转换为_____。

4．操作系统具有_____、存储管理、设备管理、信息管理等功能。

（二）Windows 操作系统

一、选择题

1．在 MS DOS 及 Windows 系统中，进行查找操作时，可使用"*"代替所在位置的任意字符，称为通配符，其作用是_____。

A．便于一次处理多个文件　　　　　　　B．便于识别一个文件

C．便于给一个文件取名　　　　　　　　D．便于保存一个文件

2．Windows 操作系统中规定文件名中不能含有的符号是_____。

A．\ / : * ?# < > $　　　　　　B．\ / : ?" < > $

C．\ / : * ?" < >|@　　　　　　D．\ / : * ?" < >|

3．以下说法中最合理的是_____。

A．硬盘上的数据不会丢失

B．只要防止误操作，就能防止硬盘上数据的丢失

C．只要没有误操作，并且没有病毒的感染，硬盘上的数据就是安全的

D．不管怎么小心，硬盘上的数据都有可能读不出

4．经常对硬盘上的数据进行备份，可能的原因是_____。

A．可以整理硬盘上的数据，提高数据处理速度

B．防止硬盘上有坏扇区

C．恐怕硬盘上出现新的坏扇区

D．恐怕硬盘上出现碎片

5．在 Windows 系统"任务栏"中部的一个任务按钮代表_____。

A．一个未启动的程序窗口　　　　　　　B．一个可以执行的程序

C．一个不工作的程序窗口　　　　　　　D．一个正在执行的程序

6．对 Windows 中的"回收站"_____。

A．是硬盘中的一块区域，其大小可由用户设定

B．是内存中的一块区域，其大小可由用户设定

C．是硬盘中的一块区域，其大小只能由系统设定

D. 是内存中的一块区域，其大小只能由系统设定

7. 在 Windows 资源管理器右窗格中，同一文件夹下，用鼠标左键单击了第一个文件，按住 Ctrl 键再单击第五个文件，则共选中了_____个文件。

A. 0   B. 5   C. 1   D. 2

8. 在 Windows 中单击鼠标右键，屏幕将显示_____。

A. 用户操作提示信息   B. 快捷菜单

C. 当前对象的相关操作菜单   D. 计算机的系统信息

9. 在 Windows 系统中，关于剪贴板的叙述不正确的是_____。

A. 一段连续的内存区域   B. RAM 的部分空间

C. 一个图形处理应用程序   D. 应用程序之间进行数据交换的工具

10. 在 Windows 系统的资源管理器中不可以完成_____。

A. 文字处理   B. 文件夹操作

C. 格式化磁盘   D. 设置文件及文件夹的属性

11. 中文 Windows 和 DOS 系统都采用_____目录结构来管理文件。

A. 树型   B. 星型

C. 网状型   D. 由用户自行定义

12. 在 Windows 系统及其应用程序中，菜单是系统功能的体现。若某菜单项文字呈灰色，则表示该功能_____。

A. 其设置当前无效   B. 用户当前不能使用

C. 一般用户不能使用   D. 将弹出下一级菜单

13. 在搜索文件或文件夹时，若用户输入"*.*"，则将搜索_____。

A. 所有含有*的文件   B. 所有扩展名中含有*的文件

C. 所有文件   D. 以上全不对

分析：*——匹配 0 至 n 个字符   ?——匹配 0 至 1 个字符

14. 关于 Windows 直接删除文件而不进入回收站的操作中，正确的是_____。

A. 选定文件后，按 Shift+Del 键   B. 选定文件后，按 Ctrl+Del 键

C. 选定文件后，按 Del 键   D. 选定文件后，按 Shift 键，再按 Del 键

15. Windows 中，各应用程序之间的信息交换是通过_____进行的。

A. 记事本   B. 剪贴板   C. 画图   D. 写字板

16. 关于文件的说法中，正确的是_____。

A. 在文件系统的管理下，用户可以按照文件名访问文件

B. 文件的扩展名最多只能有 3 个字符

C. Windows 中，具有隐藏属性的文件一定是不可见的

D. Windows 中，具有只读属性的文件不可以删除

17. 关于设备管理的说法中，错误的是_____。

A. 所谓即插即用就是指没有驱动程序仍然能使用设备的技术

B. 即插即用并不是说不需要安装设备驱动程序，而是意味着操作系统能自动检测到设备并自动安装驱动程序

C．Windows 中，对设备进行集中统一管理的是设备管理器

D．所有的 USB 设备都支持即插即用和热插拔

18．要选定多个连续文件或文件夹的操作为：先单击第一项，然后_____再单击最后一项。

    A．按住 Alt 键   B．按住 Ctrl 键   C．按住 Shift 键   D．按住 Del 键

19．即插即用的含义是指_____。

    A．不需要 BIOS 支持即可使用硬件

    B．在 Windows 系统所能使用的硬件

    C．安装在计算机上不需要任何驱动程序就可使用的硬件

    D．硬件安装在计算机上后，系统会自动识别并完成驱动程序的安装和配置

20．Windows 中，下面关于即插即用设备的说法中，正确的是_____。

    A．Windows 保证自动正确地配置即插即用设备，永远不需要用户干预

    B．即插即用设备只能由操作系统自动配置，用户不能手工配置

    C．非即插即用设备只能由用户手工配置

    D．非即插即用设备与即插即用设备不能用在同一台计算机上

21．选定要删除的文件，然后按_____键，即可删除文件。

    A．Alt   B．Ctrl   C．Shift   D．Del

22．同时按_____键可以打开任务管理器

    A．Ctrl+Shift   B．Ctrl+Alt+Del   C．Ctrl+Esc   D．Alt+Tab

23．在资源管理器中要同时选定不相邻的多个文件，使用_____键。

    A．Shift   B．Ctrl   C．Alt   D．F8

二、填空题

1．要查找所有第一个字母为 A 且扩展名为 wav 的文件，应输入_____。

2．Windows 支持的文件系统有 FAT32、_____和 exFAT。

3．Windows 中，分配 CPU 时间的基本单位是_____。

4．Windows 中，一个硬盘可以分为磁盘主分区和_____。

5．文件的路径分为绝对路径和_____。

6．选定多个连续的文件或文件夹，操作步骤为：单击所要选定的第一个文件或文件夹，然后按住_____键，单击最后一个文件或文件夹。

7．Windows 允许用户同时打开多个窗口，但任一时刻只有_____个是活动的。

8．在 Windows 系统，进行中英文输入法直接切换的方法是按_____组合键来实现。

9．当用户按下_____键，系统弹出"Windows 任务管理器"对话框。

12-3 扩 展 练 习

1．运行在 iPhone、iPad 和 iPod Touch 上的操作系统是_____。

2．一个文件没有保存在一个连续的磁盘空间上而被分散存放在许多地方，这种现象成

为_____。

　　3．Windows 中的用户分成标准用户和_____。

　　4．下列关于线程的说法中，错误的是_____。

　　A．在 Windows 中，线程是 CPU 的分配单位

　　B．有些线程包含多个进程

　　C．有些进程只包含一个线程

　　D．把进程再"细分"成线程的目的是更好地实现并发处理和共享资源

　　5．如用户在一段时间_____，Windows 将启动执行屏幕保护程序。

　　A．没有按键盘　　　　　　　　　　　B．没有移动鼠标器

　　C．既没有按键盘，也没有移动鼠标器　　D．没有使用打印机

第 13 章　数制和信息编码

13-1　基 础 知 识

1. 通常所说的 3C 技术指：Computer（计算机技术）、Communication（通信技术）、Control（控制技术）

2. 信息和数据

数据：对客观事物的性质、状态以及相互关系等进行记载的物理符号。

信息：数据经过加工以后、并对客观世界产生影响的数据。

区别：信息有意义，而数据没有。

例　关于信息的说法_____叙述是正确的。

答案：C

A. 计算机就是一种信息

B. 一本书就是信息

C. 信息是人类思维活动的结果

D. 信息是一些记录下来的符号，本身没有意义

3. 数据在计算机中的转换如图 13-1 所示。

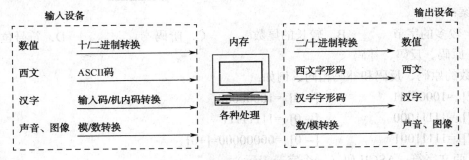

图 13-1　数据在计算机中的转换

例　信息处理进入了计算机世界，实质上是进入了_____的世界。

答案：C

A. 模拟数字　　　　　B. 十进制数　　　　　C. 二进制数　　　　　D. 抽象数字

4. 进位计数制

（1）二进制、八进制、十六进制数间的关系：如表 13-1 所示

表 13-1　二进制、八进制、十六进制数间的关系

八进制	对应二进制	十六进制	对应二进制	十六进制	对应二进制
0	000	0	0000	8	1000

八进制	对应二进制	十六进制	对应二进制	十六进制	对应二进制
1	001	1	0001	9	1001
2	010	2	0010	A	1010
3	011	3	0011	B	1011
4	100	4	0100	C	1100
5	101	5	0101	D	1101
6	110	6	0110	E	1110
7	111	7	0111	F	1111

（2）r 进制转化成十进制：按权展开求和

（3）十进制转化成 r 进制：整数——除基取余；小数——乘基取整

5. 浮点数。

例　浮点数用尾数表示精度，阶码表示范围，如图 13-2 所示。

$$26.0D = +0.110100 * 2^5$$

图 13-2　尾数和阶码

浮点数之所以能表示很大或很小的数，是因为使用了＿＿＿＿＿＿＿。

答案：C

A．较多的字节　　　　B．较长的尾数　　　　C．阶码　　　　D．符号位

6. 原码、反码、补码

正数的原码、反码和补码相同。例如：

[- 7]$_原$=10000111　　　　　　[-- 0]$_原$=10000000

[- 7]$_反$=11111000　　　　　　[-- 0]$_反$=11111111

[- 7]$_补$=11111001　　　　　　[-- 0]$_反$=00000000=[+0]$_反$

7. 西文字符：ASCII 码（一个字节表示）

例　在下面关于字符之间大小关系的说法中，正确的是＿＿＿＿＿＿＿。

答案：C

A．空格符>b>B　　　B．空格符>B>b　　　C．b>B>空格符　　　D．B>b>空格符

8. 汉字编码。如图 13-3 所示。

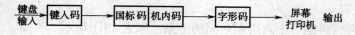

图 13-3　汉字的编码

（1）输入码

音码类：搜狗拼音输入法

形码类：五笔字型输入法

（2）国标码（GB2312－80）：汉字的二进制编码。每个汉字用两个字节的二进制编码表示。但实际上每个字节最高位为 0，实际只有 14 位二进制数参与编码。

一级汉字：3755 个（按拼音顺序排列）；二级汉字：3008 个。

（3）机内码：汉字在计算机内部的编码。

机内码=国标码每个字节的最高位变为 1。即：机内码=国标码+80。如：

国标码 "中"（56 50）H　　（0 1010110 0 1010000）B

机内码　　　（D6 D0）H　　（1 1010110 1 1010000）B

（4）汉字字形码（汉字字模）

点阵：汉字字形点阵的代码。

矢量：存储的是描述汉字字形的轮廓特征

24×24 点阵一个汉字所占字节数为：24*24/8=72（字节）

9．Unicode 编码：包含汉字编码、ASCII 码等世界上主要文字编码。

10．文本、音频、视频、图形、图像、动画的综合体笼统称为 "多媒体"。

11．模拟信号数字化的过程如图 13-4 所示。

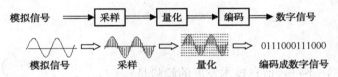

图 13-4　A/D 转换的三个步骤

12．数字音频的技术指标：

（1）采样频率：每秒钟的采样次数

（2）量化位数（采样精度）：存放采样点振幅值的二进制位数。

（3）声道数：声音通道的个数，立体声为双声道。

每秒钟存储声音容量的公式为：采样频率×采样精度×声道数/8=字节数

13．数字音频的文件格式：

（1）Wave 格式文件（.wav）：记录了真实声音的二进制采样数据，通常文件较大。

（2）MIDI 格式文件（.mid）：数字音乐的国际标准，记录的是音符数字，文件小。

（3）MP3 格式文件（.mp3）：采用 MPEG-1 音频压缩标准的 Layer 3 进行压缩的文件。

14．图形：用矢量方式描述。

图像：自然界中的真实影像经数字化后存储在计算机中。

15．未经压缩图像文件（位图文件.bmp）大小的计算公式为：

列数×行数×颜色深度/8=图像字节数

列数×行数即分辨率

16．常用图像文件格式

（1）BMP 格式文件：与设备无关的位图格式文件，Windows 环境中经常使用。

（2）GIF 格式文件：分为静态 GIF 文件与动态 GIF 文件两种。

（3）JPEG 格式文件（.JPG）：利用 JPEG 标准压缩。

（4）WMF 格式文件：矢量图形。

17．模拟视频常用两种标准：NTSC 制式（30 帧/秒，525 行/帧）；PAL 制式（25 帧/秒，625 行/帧），我国采用 PAL 制式。

18．常用视频文件格式：AVI（Audio-Video Interleaved）文件、MOV 文件、MPG（.mpg）文件、DAT 文件（VCD 格式文件，文件结构与 MPG 文件格式基本相同）

19．数据压缩的国际标准

（1）JPEG 标准：用于静态图像的压缩。

（2）MPEG 标准：适用于运动图像、音频信息。包括 MPEG 视频、MPEG 音频、MPEG 系统（视频和音频的同步）。MPEG 已制定了 MPEG-1、MPEG-2、MPEG-4 和 MPEG-7 四种标准。

13-2　基 础 练 习

（一）信息的编码

一、选择题

1．下列说法中，不符合信息技术发展的趋势是_____。

A．越来越友好的人机界面　　　　　　B．越来越个性化的功能设计

C．越来越高的性能价格比　　　　　　D．越来越复杂的操作步骤

2．人们通常用十六进制而不用二进制书写计算机中的数，是因为_____。

A．十六进制的书写比二进制方便　　　B．十六进制的运算比二进制简单

C．十六进制数表示的范围比二进制大　D．计算机内部采用十六进制

3．在科学计算时，经常遇到"溢出"，这是指_____。

A．数值超出了内存容量　　　　　　　B．数值超出了机器位表示的范围

C．数值超出了变量的表示范围　　　　D．计算机出故障了

4．计算机中使用二进制，下面叙述中不正确的是_____。

A．是因为计算机只识别 0 和 1

B．物理上容易实现，可靠性强

C．运算简单，通用性强

D．计算机中二进制数的 0、1 数码与逻辑量"真"和"假的 0 与 1 吻合，便于表示和进行逻辑运算"

5．在计算机内部用机内码而不用国标码表示汉字的原因是_____。

A．有些汉字的国标码不唯一而机内码唯一

B．有些情况下，国标码有可能造成误解

C．机内码比国标码容易表示

D．国标码是国家标准，而机内码是国际标准

分析：国标码每个字节最高位为 0，若机内码直接采用国标码，计算机会无法区分它是一个汉字还是两个英文字母（英文字母：ASCII 码=机内码），所以汉字的机内码要把对应国标码的每个字节最高位由 0 变为 1。

6．汉字系统中的汉字库里存放的是汉字的_____。

A．机内码　　　　　　B．输入码　　　　　　C．字形码　　　　　　D．国标码

7．有关二进制的论述，下面_____是错误的。

A．二进制数只有 0 和 1 两个数码

B．二进制数只有两位数组成

C．二进制数各位上的权分别为 2^i（i 为整数）

D．二进制运算逢二进一

8．十进制数 92 转换为二进制数和十六进制数分别是_____。

A．01011100 和 5C　　B．01101100 和 61　　C．10101011 和 5D　　D．01011000 和 4F

9．在不同进制的 4 个数中，最大的一个数是_____。

A．(01010011)B　　　B．(107)O　　　　　C．(CF)H　　　　　D．(78)D

10．以下式子中不正确的是_____。

A．1101010101010(B)>FFF(H)　　　　　B．123456<123456(H)

C．1111>1111(B)　　　　　　　　　　D．9(H)>9

11．哪种进制数的表示是错误的_____。

A．1100B　　　　　　B．(97)₈　　　　　C．1000H　　　　　D．110000010D

12．对补码的叙述，_____不正确。

A．负数的补码是该数的反码最右加 1　　　B．负数的补码是该数的原码最右加 1

C．正数的补码就是该数的原码　　　　　　D．正数的补码就是该数的反码

13．已知 8 位机器码 10110100，它是补码时，表示的十进制真值是_____。

A．−76　　　　　　　B．76　　　　　　　C．−70　　　　　　D．−74

分析：对于负数，[X]补=[X]反+1，[X]补=10110100，对应[X]反=10110011，[X]=11001100，所以对应真值是-76

14．在计算机中存储一个汉字信息需要_____字节存储空间。

A．1　　　　　　　　B．2　　　　　　　　C．3　　　　　　　　D．4

15．在汉字库中查找汉字时，输入的是汉字的机内码，输出的是汉字的_____。

A．交换码　　　　　　B．信息码　　　　　　C．外码　　　　　　D．字形码

16．在计算机内，多媒体数据最终是以_____形式存在的。

A．二进制代码　　　　B．特殊的压缩码　　　C．模拟数据　　　　D．图形

17．计算机中的机器数有 3 种表示方法，下列_____不属于这 3 种表示方式。

A．反码　　　　　　　B．原码　　　　　　　C．补码　　　　　　D．ASCII 码

18．十进制数 13 转换为等价的二进制数的结果为_____。

A．1101　　　　　　　B．1010　　　　　　　C．1011　　　　　　D．1100

19．与二进制数(10010111)₂等价的八进制、十进制数是_____。

A．(227)₈(97)₁₀　　　B．(151)₈(97)₁₀　　　C．(427)₈(151)₁₀　　　D．(227)₈(151)₁₀

20．十六进制数 3E 转换为二进制数的结果为_____。

A．00111110　　　　B．00111001　　　　C．10111110　　　　D．01111110

21．二进制数 10011010 转换为十进制数是_____。

A．153　　　　　　　B．156　　　　　　　C．155　　　　　　　D．154

二、填空题

1．在计算机中存储的文字、图形、图像、音频文件等，都是被_____化了的、以文件形式存放的数据，以利于信息的管理。

2．二进制数 110110010.100101B 分别转换成十六进制数是_____ H、八进制数是 O、十进制数是_____ D。

3．假定一个数在机器中占用 8 位，则-23 的补码、反码、原码依次为_____、_____、_____。

4．汉字输入时采用_____，存储或处理汉字时采用_____，输出时采用_____。

5．在非负的整数中，有_____个数的八进制形式与十六进制形式完全相同。

6．二进制数右起第 10 位上的 1 相当于 2 的_____次方。

7．已知[x]补=10001101，则[x]原为_____，[x]反为_____。

8．利用两个字节编码，可表示_____个状态。

9．浮点数取值范围的大小由_____决定，而浮点数的精度由_____决定。

10．用 1 个字节表示的非负整数，最小值为_____，最大值为_____。

11．字符"B"的 ASCII 码值为 42H，则可推出字符"K"的 ASCII 码值为_____。

分析：英文字母的 ASCII 码值按顺序排列。

12．1KB 内存最多能保存_____个 ASCII 码字符。

13．GB2312—80 国标码最高位为_____，为防止与 ASCII 码混淆，因此，在机内处理时采用_____码。

14．40X40 点阵的一个汉字，其字形码占_____字节，若为 24X24 点阵的汉字，其字形码占_____字节。

15．二进制数 101101011101 等价的十六进制数为_____。

（二）多媒体技术

选择题

1．计算机的多媒体技术是以计算机为工具，接受、处理和显示由_____等表示的信息技术。

A．中文、英文、日文　　　　　　　B．图像、动画、声音、文字和影视

C．拼音码、五笔字型码　　　　　　D．键盘命令、鼠标操作

2．在进行素材采集时，_____方法获得的图片不是位图图像。

A．使用数码相机拍的照片　　　　　B．使用绘图软件绘制图形

C．使用扫描仪扫描杂志上的照片　　D．使用 Windows "画图" 软件绘制的图像

3．下列_____软件都是多媒体处理软件

A．Photoshop、Word、Media Player、Flash

B．Access、PowerPoint、Windows 优化大师、Flash

C．Authorware、PowerPoint、Photoshop、Excel

D．Cool Edit Pro、Authorware、Media Player、Flash

4．一般说来，要求声音的质量越高，则_____。

A．量化级数越低和采样频率越低　　　B．量化级数越高和采样频率越高

C．量化级数越低和采样频率越高　　　D．量化级数越高和采样频率越低

5．下列采样的波形声音质量最好的是_____。

A．单声道、8 位量化、44.1kHz 采样频率

B．双声道、8 位量化、22.05kHz 采样频率

C．双声道、16 位量化、44.1kHz 采样频率

D．单声道、16 位量化、22.05kHz 采样频率

6．MIDI 文件中记录的是_____。

A．乐谱　　　　　　　　　　　　　　B．MIDI 量化等级和采样频率

C．波形采样　　　　　　　　　　　　D．声道

7．下列声音文件格式中，_____是波形声音文件格式。

A．WAV　　　　　B．CMF　　　　　C．VOC　　　　　D．MID

8．下列_____说法是不正确的。

A．图像都是由一些排成行列的像素组成的，通常称为位图或点阵图

B．图形是用计算机绘制的画面，也称矢量图

C．图像的数据量较大，所以彩色图（如照片等）不可以转换为图像数据

D．图形文件中只记录生成图的算法和图上的某些特征点，数据量较小

9．音频与视频信息在计算机内是以_____表示的。

A．模拟信息　　　　　　　　　　　　B．模拟信息或数字信息

C．数字信息　　　　　　　　　　　　D．某种转换公式

10．图书馆收藏了 10000 张分辨率为 1280×1024 的真彩（24 位）的第二次世界大战的珍贵历史图片，想将这些图片刻录到光盘上，假设每张 CD 光盘可以存放 600MB 的信息，最少需要_____光盘。

A．100 张　　　　B．65 张　　　　　C．55 张　　　　　D．85 张

11．如下_____不是图形图像文件的扩展名。

A．MP3　　　　　B．BMP　　　　　C．GIF　　　　　D．WMF

12．WAV 波形文件与 MIDI 文件相比，下述叙述中不正确的是_____。

A．WAV 波形文件比 MIDI 文件音乐质量高

B．存储同样的音乐文件，WAV 波形文件比 MIDI 文件存储量大

C．在多媒体使用中，一般背景音乐用 MIDI 文件、解说用 WAV 文件

D．在多媒体使用中，一般背景音乐用 WAV 文件、解说用 MIDI 文件

（三）补充练习

一、选择题

1. 所谓媒体是指_____。

A. 表示和传播信息的载体　　　　　　　　B. 各种信息的编码

C. 计算机输入与输出的信息　　　　　　　D. 计算机屏幕显示的信息

2. 计算机多媒体技术，是指计算机能接收、处理和表现_____等多种信息媒体的技术。

A. 中文、英文、日文和其他文字　　　　　B. 硬盘、软件、键盘和鼠标

C. 文字、声音和图像　　　　　　　　　　D. 拼音码、五笔字型和全息码

3. 音频与视频信息在计算机内是以_____表示的。

A. 模拟信息　　　　　　　　　　　　　　B. 模拟信息或数字信息

C. 数字信息　　　　　　　　　　　　　　D. 某种转换公式

4. 对波形声音采样频率越高，则数据量_____。

A. 越大　　　　　B. 越小　　　　　C. 恒定　　　　　D. 不能确定

5. 如下_____不是多媒体技术的特点。

A. 集成性　　　　　B. 交互性　　　　　C. 多样性　　　　　D. 兼容性

6. 下列资料中，_____不是多媒体素材。

A. 波形、声音　　　　　　　　　　　　　B. 文本、数据

C. 图形、图像、视频、动画　　　　　　　D. 光盘

7. _____用于压缩静止图像。

A. JPEG　　　　　B. MPFG　　　　　C. H.261　　　　　D. 以上均不能

8. 下面硬件设备中哪些是多媒体硬件系统应包括的_____。

（1）计算机最基本的硬件设备　　　　　（2）CD-ROM

（3）音频输入、输出和处理设备　　　　（4）多媒体通信传输设备

A. （1）　　　　　B. （1）、（2）　　　　　C. （1）、（2）、（3）　　　　　D. 全部

9. Winrar 软件是一个_____软件。

A. 操作系统软件　　　B. 杀毒软件　　　C. 压缩软件　　　　D. 媒体播放软件

10. 2 分钟双声道、16 位采样精度、22.05KHZ 采样频率声音的不压缩的数据量约为_____。

A. 10KB　　　　　B. 10GB　　　　　C. 10MB　　　　　D. 5MB

11. 一个参数为 2 分钟、25 帧/秒、640*480 分辨率、24 位真彩色数字视频的不压缩的数据量约为_____。

A. 2.57GB　　　　　B. 27GB　　　　　C. 27KB　　　　　D. 27MB

分析：1 幅图像的数据量为：分辨率*颜色位数/8（字节），25 帧/秒是每一秒 25 张图像。

二、填空题

1. 计算机中，一幅彩色图像的像素是由_____、_____、_____3 种颜色组成的。

2．对声音采样时，数字化声音的质量主要受 3 个技术指标的影响，它们是_____、_____、_____。

3．一副 24 位真彩色图像（没有压缩的 BMP 位图文件），文件容量为 1200KB，若将其分别保存为 256 色、16 色、单色位图文件，文件容量分别为_____KB、_____KB、_____KB。

13-3 扩展练习

1．信息社会的主要特征是社会信息化、设备数字化、_____。

2．信息社会的主要动力就是以_____、通信技术和控制技术为核心的现代信息技术的飞速发展和广泛应用。

3．在信息社会中，_____成为比物质和能量更为重要的资源。

4．编码是用数字、字母等按规定的方法和维数来代表

5．若某汉字的国标码是 5031H（H 表示十六进制），则该汉字的机内码是_____。

6．若某汉字的机内码是 B0A1H（H 表示十六进制），则该汉字的国标码是_____。

7．多媒体计算机系统与普通计算机系统一样，仍由_____系统和_____系统组成。

第14章 信息浏览和发布

14-1 基础知识

1. 下一代的 Internet 技术（Internet2）使用 IPv6 地址协议，其传输速率将可以达到 2.4Gb/s。

2. IP 地址为 Internet 上的每一个网络和每一台主机分配一个网络地址，以此来屏蔽物理地址（网卡地址）的差异。是运行 TCP/IP 协议的唯一标识。

IP 地址结构：网络部分+主机部分

A 类 IP 地址：10.0.0.0～10.255.255.255

B 类 IP 地址：128.0.0.1～191.255.254

C 类 IP 地址：192.0.0.1～223.255.255.254　　　　　127.0.0.1　　　本机地址

例 1　在 IPv4 中，下列 IP 地址中属于 C 类的是_____。

答案：B

A．60.70.9.3　　　　　B．202.120.190.208　　C．183.60.187.42　　D．10.10.108.2

例 2　在 IPv4 中，下列 IP 地址中属于非法的是_____。

答案：D

A．202.120.189.146　　B．192.168.7.28　　　C．10.10.108.2　　　D．192.256.0.1

分析：IPv4 用 4 个字节表示二进制数，通常用十进制表示，一个字节表示的十进制范围是 0-255。

3. 保留 IP 地址：只能在局域网中使用，不能用于 Internet。如表 14-1 所示。

表 14-1　保留 IP 地址

网 络 类 别	地 址 段	网 络 数
A 类网	10.0.0.0——10.255.255.255	1
B 类网	172.16.0.0——172.31.255.255	16
C 类网	192.168.0.0——192.168.255.255	256

4. 域名系统 DNS：负责把域名转换为对应的 IP 地址。DNS 采用分层次结构。

5. 顶级域名：分为类型名和区域名两类，如表 14-2 所示。

表 14-2　顶级域名

域　名	意　义	域　名	意　义	域　名	意　义
com	商业类	edu	教育类	gov	政府部门
int	国际机构	mil	军事类	Net	网络机构
org	非盈利组织	arts	文化娱乐	Arc	康乐活动

续表

域　名	意　义	域　名	意　义	域　名	意　义
Firm	公司企业	info	信息服务	nom	个人
stor	销售单位	web	与 WWW 有关单位		
cn	中国	in	日本	se	瑞典
de	德国	kr	韩国	sg	新加坡

例 1　域名地址中的_____表示网络服务机构。

答案：net

例 2　以下_____不是顶级类型域名。

答案：C

A．net　　　　　　　　B．edu　　　　　　　　C．www　　　　　　　　D．stor

6．子网掩码：其作用是——判断计算机属于哪一个子网。通过子网掩码与 IP 地址进行"与"运算得到子网号判断。

例 1　通过 IP 地址与_____进行与运算，可以计算得到子网号。

答案：子网掩码

例 2　在 IPv4 中，子网掩码具有_____位，它的作用是识别子网和判别主机属于哪一个网络。

答案：C

A．16　　　　　　　　B．24　　　　　　　　C．32　　　　　　　　D．64

7．网关：一种网络互联设备，用于连接两个协议不同的网络。

默认网关：一台主机如果找不到可用的网关，就把数据发给默认指定的网关，由这个网关来处理数据。

8．ISP（Internet 服务提供商，Internet Service Provider）

ICP（Internet 内容提供商，Internet Content Provider）

9．Internet 应用

（1）WWW 服务

● World Wide Web 简称 WWW 或 Web，也称万维网。它不是普通意义上的物理网络，而是一种信息服务器的集合标准。

● 主页：一个 Web 站点的首页

● HTTP：超文本传输协议

● HTTPS：超文本传输安全协议

● URL：统一资源定位(Uniform Resource Locator)，其含义如图 14-1 所示。

h t t p : / / w w w . m o s t . g o v . c n : 8 0 / i n d e x . h t m

资源类型　　　主机域名　　　端口号　　　资源文件

图 14-1　URL 的含义

（2）文件传输：FTP（File Transfer Protocol）

（3）电子邮件：

◆ 发送协议：SMTP（Simple Mail Transfer Protocol）

◆ 接受协议：POP3(Post Office Protocol 3)

◆ 邮件地址组成：用户名@电子邮件服务器名

（4）远程登录：Telnet

例 1　为了安全起见，浏览器和服务器之间交换数据应使用_____协议。

答案：HTTPS

例 2　电子邮箱的地址是 shanghai@cctv.com.cn，其中 cctv.com.cn 表示_____。

答案：邮件服务器

例 3　匿名 FTP 通常以_____作为用户名，密码是任意一个有效的 E-mail 地址或 Guest.。

答案：Anonymous

例 4　文件从_____传输到_____的过程称为上传，从远程计算机传输到本地计算机的过程称为_____。

答案：本地计算机，远程计算机，下载

例 5　万维网的网址以 http 为前导，表示遵从_____协议。

答案：B

A．纯文本　　　　　　　B．超文本传输　　　　　C．TCP/IP　　　　　　D．POP

10．病毒是影响计算机使用并且能够自我复制的一组计算机指令或者程序代码。

11．木马病毒：以控制别人电脑为目的。

12．蠕虫病毒：耗费网络带宽，直至网络系统瘫痪。

13．防火墙是位于计算机与外部网络之间或内部网络与外部网络之间通信的一道安全屏障，其实质就是一个软件或者是软件与硬件设备的组合。

14-2　基 础 练 习

（一）Internet 基础

一、选择题

1．将域名转换为 IP 地址的是_____。

A．默认网关　　　　　B．DNS 服务器　　　　C．Web 服务器　　　　D．FTP 服务器

2．使用浏览器访问 Internet 上的 Web 站点时，看到的第一个画面叫_____。

A．主页　　　　　　　B．Web 页　　　　　　C．文件　　　　　　　D．图像

3．当从 Internet 获取邮件时，你的电子信箱是设在_____。

A．你的计算机上　　　　　　　　　　B．发信给你的计算机上

C．你的 ISP 的服务器上　　　　　　　D．根本不存在电子信箱

4．匿名 FTP 服务的含义是_____。

A．在 Internet 上没有地址的 FTP 服务

B．允许没有账号的用户登录到 FTP 服务器

C．发送一封匿名信

D．可以不受限制地使用 FTP 服务器上的资源

5．下列不属于即时通信服务的是_____。

A．QQ　　　　　　　B．VPN　　　　　　　C．UC　　　　　　　D．MSN

6．用户在本地计算机上控制另一个地方计算机的一种技术是_____。

A．远程桌面　　　　B．VPN　　　　　　　C．FTP　　　　　　　D．即时通信

7．感染_____病毒以后用户的计算机有可能被别人控制。

A．文件型病毒　　　B．蠕虫病毒　　　　　C．引导型病毒　　　　D．木马病毒

8．在保证密码安全中，以下措施正确的是_____。

A．用生日作为密码

B．密码位数少于 6 位

C．使用纯数字

D．使用字母与数字的组合，密码长度超过 8 位

9．以下关于防范对邮件的攻击，说法不正确的是_____。

A．拒绝垃圾邮件　　　　　　　　　　　B．不随意点击邮件中的超级链接

C．不轻易打开来路不明的邮件　　　　　D．拒绝国外邮件

10．接入 Internet 的计算机必须共同遵守_____。

A．OSI 协议　　　　B．HTTP 协议　　　　C．FTP 协议　　　　D．TCP/IP 协议

11．在 IPv6 中，IP 地址的长度是_____个字节。

A．4　　　　　　　　B．6　　　　　　　　C．8　　　　　　　　D．16

12．HTML 的中文名是_____。

A．WWW 编程语言　　　　　　　　　　B．Internet 编程语言

C．超文本标记语言　　　　　　　　　　D．主页制作语言

13．URL 的组成格式为_____。

A．资源类型、存放资源的主机域名和资源文件名

B．资源类型、资源文件名和存放资源的主机域名

C．主机域名、资源类型、资源文件名

D．资源文件名、主机域名、资源类型

14．电子信箱地址的格式是_____。

A．用户名@主机域名　　　　　　　　　B．主机名@用户名

C．用户名.主机域名　　　　　　　　　　D．主机域名.用户名

15．在下列 Internet 的应用中，专用于实现文件上传和下载的是_____。

A．FTP 服务　　　　B．电子邮件服务　　　C．博客和微博　　　　D．WWW 服务

16．在 IE 中，若要把整个页面的文字和图片一起保存在一个文件中，则文件的类型应为_____。

A．HTM　　　　　　B．HTML　　　　　　C．MHT　　　　　　D．TXT

17. Internet 上计算机的名字由许多域构成，域间用_____分隔。

A. 小圆点　　　　　　　 B. 逗号　　　　　　　 C. 分号　　　　　　　 D. 冒号

18. 大量服务器集合的全球万维网，简称为_____。

A. Bwe　　　　　　　　 B. Wbe　　　　　　　 C. Web　　　　　　　 D. Bew

19. 域名是用来标识_____。

A. 不同的地域　　　　　　　　　　　 B. Internet 特定的主机

C. 不同风格的网站　　　　　　　　　 D. 盈利与非盈利网站

20. Internet 网站域名地址中的 GOV 表示_____。

A. 政府部门　　　　　 B. 商业部门　　　　　 C. 网络服务器　　　　 D. 一般用户

21. 从网址 www.pku.edu.cn 可以看出它是中国的一个_____站点。

A. 商业部门　　　　　 B. 政府部门　　　　　 C. 教育部门　　　　　 D. 科技部门

22. 万维网的网址以 http 为前导，表示遵从_____协议。

A. 纯文本　　　　　　 B. 超文本传输　　　　 C. TCP/IP　　　　　　 D. POP

23. 在浏览网页时，若超链接以文字方式表示时，文字上通常带有_____。

A. 引号　　　　　　　 B. 括号　　　　　　　 C. 下划线　　　　　　 D. 方框

二、填空题

1. 在 IPv4 中，IP 地址由_____和主机地址两部分组成。

2. 目前利用电话线和公用电话网接入 Internet 的技术是_____。

3. 虚拟专用网络是一种远程访问技术，其英文简称为_____。

4. 目前常用的让用户在本地计算机上控制远程计算机的技术是_____。

5. 超文本标记语言的英文简称为_____。

6. 提高计算机系统安全性的常用办法是定期更新操作系统，安装系统的_____，也可以用一些杀毒软件进行系统的"漏洞扫描"，并进行相应的安全设置。

7. 网络安全系统中的防火墙是位于计算机与外部网络之间或内部网络与外部网络之间的一道安全屏障，其实质是_____。

8. Internet 顶级域名分为_____和区域顶级域名两类。

9. 域名地址中的_____表示政府部门。

10. 网络病毒主要包括_____病毒和木马病毒。

11. 木马病毒一般是通过电子邮件、在线聊天工具和恶意网页等方式进行传播，多数都是利用了操作系统中存在的_____。

12. _____就是黑客利用具有欺骗性的电子邮件和伪造的 Web 站点来进行网络诈骗活动，受骗者往往会泄露自己的敏感信息，如信用卡帐户与密码、银行帐户信息、身份证号码等。

（二）计算机网络基础

选择题

1. _____是属于网络传输媒体。

A．电话线、电源线、接地线　　　　　　B．电源线、双绞线、接地线

C．双绞线、同轴电缆、光纤　　　　　　D．电源线、光纤、双绞线

2．_____不是信息传输速率比特的单位。

A．bit/s　　　　　　B．b/s　　　　　　C．bps　　　　　　D．t/s

3．下列操作系统中不是 NOS（网络操作系统）的是_____。

A．DOS　　　　　　B．NetWare　　　　C．Windows NT　　　D．Linux

4．计算机网络与一般计算机互联系统的区别是有无_____为依据。

A．高性能计算机　　B．网卡　　　　　　C．光缆相连　　　　D．网络协议

5．通过网上邻居将网络上某计算机共享资源中的文件删除后_____。

A．不可恢复　　　　　　　　　　　　　B．可以在本机回收站中找到

C．可以在网络上其他计算机上找到　　　D．可以在被删除的计算机上找到

6．计算机网络最显著的特征是_____。

A．运算速度快　　　B．运算精度高　　　C．存储容量大　　　D．资源共享

7．双绞线和同轴电缆传输的是_____信号。

A．光脉冲　　　　　B．红外线　　　　　C．电磁信号　　　　D．微波

8．网络中使用的设备 Hub 指_____。

A．网卡　　　　　　B．中继器　　　　　C．集线器　　　　　D．电缆线

9．在局域网中以集中方式提供共享资源并对这些资源进行管理的计算机称为_____。

A．服务器　　　　　B．主机　　　　　　C．工作站　　　　　D．终端

10．用户的电子邮件信箱是_____。

A．通过邮局申请的个人信箱　　　　　　B．邮件服务器内存中的一块区域

C．邮件服务器硬盘上的一块区域　　　　D．用户计算机硬盘上的一块区域

11．以下各项中不属于服务器提供的共享资源是_____。

A．硬件　　　　　　B．软件　　　　　　C．数据　　　　　　D．传真

12．Internet 与 WWW 的关系是_____。

A．都表示互联网，只不过名称不同　　　B．WWW 是 Internet 上的一个应用功能

C．Internet 与 WWW 没有关系　　　　　D．WWW 是 Internet 上的一种协议

13．发送电子邮件使用的传输协议是_____。

A．SMTP　　　　　　B．TELNET　　　　C．HTTP　　　　　　D．FTP

14．互联网上的服务都是基于一种协议，远程登录是基于_____协议。

A．SMTP　　　　　　B．TELNET　　　　C．HTTP　　　　　　D．FTP

15．以下关于 FTP 与 Telnet 的描述，不正确的是_____。

A．FTP 与 Telnet 都采用客户机/服务器方式

B．允许没有帐号的用户登录到 FTP 服务器

C．FTP 与 Telnet 可在交互命令下实现，也可利用浏览器工具

D．可以不受限制地使用 FTP 服务器上的资源

16．WWW 浏览器是_____。

A．一种操作系统　　　　　　　　　　　B．TCP/IP 体系中的协议

C．浏览 WWW 的客户端软件　　　　　　　D．远程登录的程序

17．电子邮件分为邮件头和邮件体两部分，以下各项中_____不属于邮件头。

A．收件人地址　　　　B．抄送　　　　C．主题　　　　D．邮件内容

18．防止黑客攻击的策略不包括_____。

A．数据加密　　　　　　　　　　　　B．禁止访问 Internet

C．身份认证　　　　　　　　　　　　D．端口保护

19．在计算机网络发展过程中，_____对计算机网络的形成与发展影响最大。

A．OCTPUS　　　　B．Nowell　　　　C．DATAPAC　　　　D．ARPANET

20．URL 的作用是_____。

A．定位主机的地址　　　　　　　　　B．定位资源的地址

C．域名与 IP 地址的转换　　　　　　　D．表示电子邮件的地址

21．域名系统 DNS 的作用是_____。

A．存放主机域名　　　　　　　　　　B．存放 IP 地址

C．存放邮件的地址表　　　　　　　　D．将域名转换成 IP 地址

14-3　扩　展　练　习

一、选择题

1．局域网硬件中占主要地位的是_____。

A．服务器　　　　B．工作站　　　　C．公用打印机　　　　D．网卡

2．防火墙的功能不包括_____。

A．记录内部网络或计算机与外部网络进行通信的安全日志

B．监控进出内部网络或计算机的信息，保护其不被非授权访问，非法窃取或破坏

C．可以限制内部网络用户访问某些特殊站点，防止内部网络的重要数据泄露

D．完全防止传送已被病毒感染的软件和文件

3．在下列软件中，不能制作网页的是_____。

A．Dreamweaver　　　　B．FrontPage　　　　C．Winrar　　　　D．MS Word

4．计算机病毒的实质是一种_____。

A．细菌　　　　B．生物病毒　　　　C．文本文件　　　　D．计算机程序

5．计算机病毒不具有以下_____特点。

A．破坏性　　　　B．传染性　　　　C．实用性　　　　D．隐蔽性

二、填空题

1．在计算机网络中，DNS 的中文含义是_____。

2．有一个 URL 是：http://www.pconline.com.cn，表明这台服务器属于_____机构，该服务器的顶级域名是_____，表示_____。

3．IP 地址采用分层结构，由_____和主机地址组成。

4．在浏览器中，默认的协议是_____。

5．接收到的电子邮件的主题字前带有回形针标记，表示该邮件带有_____。

6．Internet 上的资源分为_____和_____两类。

7．有一个 IP 地址的二进制形式为 11000000.10101000.00000111.00011100，则其对应的点分十进制形式为_____。

8．在 IPv4 中，C 类二进制形式的 IP 地址前 3 位为_____。

9．某电子邮件为 abc123@263.net，则 263.net 代表_____。

10．虚拟专用网络是一种远程访问技术，其英文简称为_____。

11．中国知网的英文简称为_____。